大数据教育丛书

Excel 数据分析和可视化项目实战

主　编　张良均　阮惠华

副主编　邓华丽　赖小慧　范微娜

西安电子科技大学出版社

内 容 简 介

　　本书以 Excel 2016 为基础，从实践出发，由浅入深地介绍了 Excel 在数据分析和可视化中的应用。全书共 7 章，分别为 Excel 2016 概述、外部数据的获取、数据处理、函数的应用、数据分析与可视化、全国汽车销量可视化项目——目标与数据准备、全国汽车销量可视化项目——可视化仪表盘。

　　本书可作为中等职业教育学校及高等职业教育学校数据和可视化分析类教材，也可以作为数据和可视化分析爱好者自学用书。

图书在版编目(CIP)数据

Excel 数据分析和可视化项目实战 / 张良均，阮惠华主编. —西安：西安电子科技大学出版社，2021.7
ISBN 978-7-5606-6091-2

Ⅰ. ①E⋯　Ⅱ. ①张⋯　②阮⋯　Ⅲ. ①表处理软件—教材　Ⅳ. ①TP391.13

中国版本图书馆 CIP 数据核字(2021)第 120465 号

策划编辑　毛红兵
责任编辑　刘炳桢　毛红兵
出版发行　西安电子科技大学出版社(西安市太白南路 2 号)
电　　话　(029)88202421　88201467　　　邮　　编　710071
网　　址　www.xduph.com　　　　　　　电子邮箱　xdupfxb001@163.com
经　　销　新华书店
印刷单位　广东虎彩云印刷有限公司
版　　次　2021 年 7 月第 1 版　　2021 年 7 月第 1 次印刷
开　　本　787 毫米×1092 毫米　1/16　印　张　13.5
字　　数　319 千字
印　　数　1～1000 册
定　　价　35.00 元

ISBN 978-7-5606-6091-2 / TP

XDUP 6393001-1

如有印装问题可调换

前　　言

数据分析技术可以帮助企业用户在合理时间内对数据进行分析和可视化，指导企业经营决策。金融业、零售业、互联网业、交通物流业、制造业等领域对数据分析岗位的人才需求大，有实践经验的数据分析人才更是各企业争夺的热门。为了满足日益增长的数据分析人才需求，很多高校开始尝试开设数据分析课程。

本书特色

本书从实践出发，根据数据分析与可视化的流程，由浅入深地介绍了数据获取、数据处理、分析与可视化等相关知识点。全书以应用为导向，帮助读者通过以练代学的方式，理解所学知识，并利用所学知识来解决问题。本书第 1 章介绍了数据分析与可视化的流程、Excel 2016 及 TipdmBI 数据分析和可视化平台(可通过 Excel 插件访问)；第 2～5 章分别介绍了使用 Excel 获取外部数据、处理数据、应用函数、分析与可视化等的操作方法；为了让读者能够将所学知识进一步融会贯通，第 6、7 章通过一个真实的案例，基于 TipdmBI 平台以及 Excel、ECharts 数据处理和图表功能进行数据分析及可视化，帮助读者搭建一条最佳的数据分析学习路线图。

本书适用对象

- 开设有数据分析课程的高校教师和学生。

目前，国内不少高校将数据分析引入教学中，在电子商务、市场营销、物流管理、金融管理等专业开设了与数据分析技术相关的课程，但目前这一课程的教学仍然主要限于理论介绍。因为单纯的理论教学过于抽象，学生理解起来往往比较困难，教学效果也不甚理想。本书基于典型工作任务，使师生充分发挥互动性和创造性，可获得最佳的教学效果。

- 以 Excel 为生产工具的人员。

Excel 是常用的办公软件之一，也是职场必备的技能之一，被广泛用于数据分析、财务、行政、营销等职业。本书介绍了 Excel 常用的数据分析和可视化技术，能帮助相关人员提高工作效率。

- 关注数据分析的人员。

Excel 作为常用的数据分析工具，能实现数据分析和可视化等操作。本书提供 Excel 数据分析和可视化以及撰写分析报告的方法，能有效指导有意学习数据分析的读者快速掌握相关技术。

代码下载及问题反馈

为了帮助读者更好地使用本书，泰迪云课堂(https://edu.tipdm.org)提供了相关的教学视频。对于本书配套的原始数据文件，读者可以从"泰迪杯"数据挖掘挑战赛网站(https://www.

tipdm.org/tj/1710.jhtml)免费下载。为方便教师授课，本书还提供了 PPT 课件等教学资源，教师可在 http://www.tipdm.org/tj/840.jhtml 下载申请表，填写后发送至指定邮箱。

我们尽最大努力避免在文本和代码中出现错误，但是由于水平有限，书中难免出现一些疏漏和不足的地方。如果您有更多的宝贵意见，欢迎在泰迪学社微信公众号(TipDataMining)回复"图书反馈"进行反馈。与本书相关的信息可以在"泰迪杯"数据挖掘挑战赛网站(http://www.tipdm.org/tj/index.jhtml)查阅。

张良均

2021 年 1 月

目　　录

第 1 章　Excel 2016 概述

当今社会，网络和信息技术产生的数据量呈指数型增长的态势。单纯地查看海量的数据难以获取想要的信息，需要对数据进行数据分析，从中提炼出隐含的信息。Excel 2016 是常用的数据分析工具之一，具有制作电子表格、处理各种数据、统计分析、制作数据图表等功能。

1.1　数据分析与可视化简介

数据分析作为大数据技术的重要组成部分，随着大数据技术的发展也逐渐趋于成熟。数据分析技能的掌握是一个循序渐进的过程，了解数据分析与可视化的流程和应用场景是学习数据分析与可视化的第一步。

1.1.1　数据分析与可视化流程

数据分析是指使用适当的分析方法对收集来的数据进行分析，提取数据中有用的信息并形成结论，对数据加以详细研究和概括总结的过程。

数据分析与可视化的典型流程图如图 1-1 所示，其步骤和内容如表 1-1 所示。

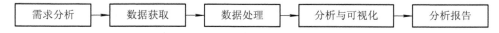

图 1-1　数据分析与可视化的流程图

表 1-1　数据分析与可视化的步骤和内容

步　骤	内　容
需求分析	需求分析是指根据业务、生产和财务等部门的需要，结合现有的数据情况，提出数据分析需求的整体分析方向和分析内容
数据获取	数据获取是数据分析工作的基础，是指根据需求分析的结果，提取、收集数据，主要有获取外部数据与获取本地数据两种方式
数据处理	在 Excel 中，数据处理是指对数据进行排序、筛选、分类汇总、计数、文字或函数处理等操作，以便于进行数据分析
分析与可视化	分析与可视化是指对通过源数据得到的各个指标进行分析，发现数据中的规律，并借助图表等可视化的方式来直观地展现数据之间的关联信息，使抽象的信息变得更加清晰、具体，易于观察
分析报告	分析报告是指以特定的形式把数据分析的过程和结果展示出来，便于需求者了解

1.1.2　应用场景

企业使用数据分析与可视化解决不同的问题，其实际应用场景主要分为以下 7 类。

1. 客户分析

客户分析主要是根据客户的基本数据信息进行商业行为的分析。

(1) 界定目标客户。根据客户的需求、目标客户的性质、所处行业的特征和客户的经济状况等基本信息，使用统计分析方法和预测验证法分析目标客户，提高销售效率。

(2) 了解客户的采购过程。根据客户采购类型、采购性质进行分类分析，制订不同的营销策略。

(3) 根据已有的客户特征进行客户特征分析、客户忠诚分析、客户注意力分析、客户营销分析和客户收益率分析。通过有效的客户分析能够掌握客户具体行为特征，将客户细分，使运营策略达到最优，提升企业整体效益。

2. 营销分析

营销分析囊括了产品分析、价格分析、渠道分析、广告与促销分析。

(1) 产品分析主要是竞争产品分析，通过对竞争产品的分析制订自身产品策略。

(2) 价格分析又可以分为成本分析和售价分析。成本分析的目的是降低不必要成本，售价分析的目的是制订符合市场的价格。

(3) 渠道分析是指对产品的销售渠道进行分析，确定最优的渠道配比。

(4) 广告与促销分析能够结合客户分析，实现销量的提升、利润的增加。

3. 社交媒体分析

社交媒体分析是指以不同的社交媒体渠道生成的内容为基础，实现不同社交媒体的用户分析、访问分析和互动分析等。

(1) 用户分析是指根据用户注册信息、登录平台的时间和平时发表的内容等用户数据，分析用户个人画像和行为特征。

(2) 访问分析则是指通过用户平时访问的内容来分析用户的兴趣爱好，进而分析潜在的商业价值。

(3) 互动分析是指根据互相关注对象的行为，预测该对象未来的某些行为特征。

同时，社交媒体分析还能为情感和舆情监督提供丰富的资料。

4. 网络安全

大规模网络安全事件(如 2017 年 5 月席卷全球的 WannaCry 病毒)的发生，让企业意识到网络攻击发生时预先快速识别的重要性。传统的网络安全主要依靠静态防御，处理病毒的主要流程是发现威胁、分析威胁和处理威胁，人们往往在威胁发生以后才能做出反应。新型的病毒防御系统可使用数据分析技术，建立潜在攻击识别分析模型，监测大量网络活动数据和相应的访问行为，识别可能入侵的可疑模式，做到未雨绸缪。

5. 设备管理

设备管理同样是企业关注的重点，可将数据分析用于维修费用的管理与控制等方面。设备维修一般采用标准修理法、定期修理法和检查后修理法等。其中，标准修理法可能会造成设备过剩修理，修理费用高；检查后修理法解决了修理费用成本问题，但是修理前的准备工作繁多，设备的停歇时间过长。目前，企业能够通过物联网技术收集和分析设备上的数据流(包括连续用电、零部件温度、环境湿度和污染物颗粒等)，建立设备管理模型，从而预测设备故障，合理安排预防性的维护，以确保设备正常作业，降低因设备故障带来的安全风险。

6. 交通物流分析

物流是物品从供应地向接收地的实体流动，是将运输、储存、装卸、搬运、包装、流通、加工、配送和信息处理等功能有机结合起来而实现用户需求的过程。用户可以通过业务系统和 GPS 定位系统获得数据，使用数据构建交通状况预测分析模型，有效预测实时路况、物流状况、车流量、客流量和货物吞吐量，进而提前补货，制订库存管理策略。

7. 欺诈行为检测

身份信息泄露及盗用事件使欺诈交易增多。公安机关、各大金融机构、电信部门可利用用户的基本信息、交易信息、通话和短信信息等数据，识别可能发生的潜在欺诈交易，做到提前预防、未雨绸缪。例如大型金融机构可以通过分类预测对非法集资和洗钱的逻辑路径进行分析，找到其行为特征。聚类分析方法可以分析相似价格样本的运动模式，如对股票进行聚类，可能发现关联交易及内幕交易的可疑信息。关联分析可以监控多个用户的关联交易行为，为发现跨账号协同的金融诈骗行为提供依据。

1.2　Excel 2016 简介

Excel 2016 是 Microsoft Office 2016 中的一款电子表格软件，被广泛用于管理、统计、财经和金融等诸多领域。

1.2.1　用户界面

1. 启动 Excel 2016

在 Windows 10 系统的计算机中，单击【开始】→Excel 图标，或者双击桌面 Excel 2016 的图标，其用户界面如图 1-2 所示。

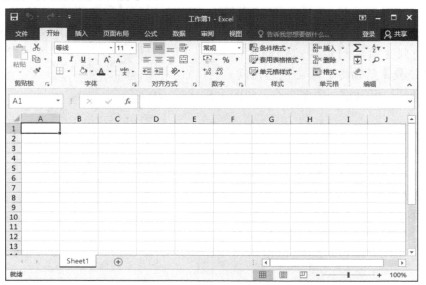

图 1-2　Excel 2016 用户界面

2. 用户界面介绍

Excel 2016 用户界面包括标题栏、功能区、名称框、编辑栏、工作表编辑区和状态栏，如图 1-3 所示。

图 1-3　用户界面组成

1）标题栏

标题栏位于应用窗口的顶端，包括快速访问工具栏、当前文件名、应用程序名称和窗口控制按钮，如图 1-4 所示。

图 1-4　标题栏

快速访问工具栏可以快速访问【保存】【撤消】【恢复】等命令。单击快速访问工具栏中的 ▼ 按钮，可以添加所需命令，如图 1-5 所示。

2）功能区

功能区位于标题栏的下方，由【开始】【插入】【页面布局】等选项卡组成，每个选项卡又可以分成不同的组，如【开始】选项卡由【剪贴板】【字体】【对齐方式】等命令组组成，每个命令组又包含了不同的命令，如图 1-6 所示。

图 1-5　添加命令

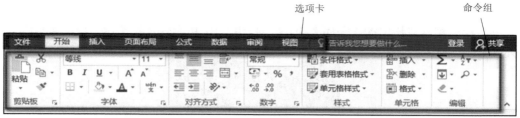

图 1-6　功能区

3) 名称框和编辑栏

功能区的下方是名称框和编辑栏，如图 1-7 所示。其中，名称框可以显示当前活动单元格的地址和名称，编辑栏可以显示当前活动单元格中的数据或公式。

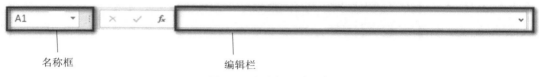

图 1-7　名称框和编辑栏

4) 工作表编辑区

工作表编辑区位于名称框和编辑栏的下方，由文档窗口、标签滚动按钮、工作表标签、水平滚动滑条和垂直滚动滑条组成，如图 1-8 所示。

图 1-8　工作表编辑区

5) 状态栏

状态栏位于用户界面底部，由视图按钮和缩放模块组成，用来显示与当前操作相关的信息，如图 1-9 所示。

图 1-9　状态栏

3. 关闭 Excel 2016

单击程序控制按钮中的【关闭】按钮，如图 1-10 所示，或按下组合键"Alt+F4"，即可关闭 Excel 2016。

图 1-10　关闭 Excel 2016

1.2.2　工作簿、工作表和单元格的基本操作

1. 工作簿的基本操作

1) 创建工作簿

单击【文件】选项卡，依次选择【新建】→【空白工作簿】即可创建工作簿，如图 1-11 所示。也可以通过组合键"Ctrl+N"快速新建空白工作簿。

图 1-11　创建工作簿

2) 保存工作簿

单击快速访问工具栏上的【保存】按钮，即可保存工作簿，如图 1-12 左上角的第 1 个图标。也可以通过组合键"Ctrl+S"快速保存工作簿。

3) 打开和关闭工作簿

单击【文件】选项卡，选择【打开】命令，或者通过组合键"Ctrl+O"

图 1-12　保存工作簿

弹出【打开】对话框，如图 1-13 所示，再选择一个工作簿即可。

图 1-13　打开工作簿

单击【文件】选项卡，选择【关闭】命令即可关闭工作簿，如图 1-14所示。也可以通过组合键 "Ctrl+W" 关闭工作簿。

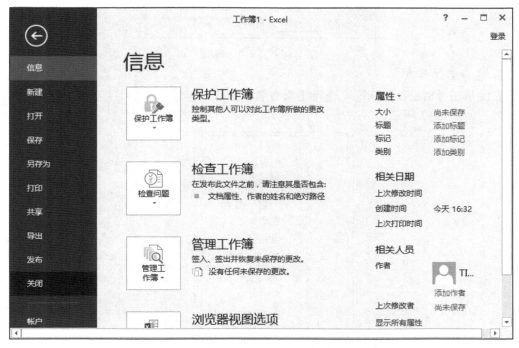

图 1-14　关闭工作簿

2．工作表的基本操作

以下以【Sheet1】工作表为例介绍 Excel 2016 工作表的基本操作。

1）插入工作表

在 Excel 2016 中插入工作表有多种方法，下面介绍两种常用的方法：

(1) 单击工作表编辑区中的 ⊕ 按钮，即可在现有工作表【Sheet1】的末尾插入一个新的工作表【Sheet2】，如图 1-15 所示。

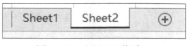

图 1-15　插入工作表 1

(2) 右键单击【Sheet1】工作表，选择【插入】命令，在弹出的【插入】对话框中单击【确定】按钮，即可在现有工作表【Sheet1】之前插入一个新的工作表【Sheet3】，如图 1-16 所示。也可以通过组合键"Shift+F11"在现有的工作表之前插入一个新的工作表。

图 1-16　插入工作表 2

2）重命名工作表

右键单击【Sheet1】标签，选择【重命名】命令，再输入新的名字，即可对工作表重新命名，如图 1-17 所示。

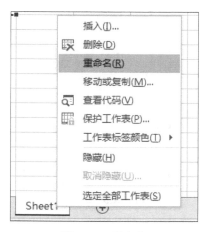

图 1-17　重命名

3) 设置标签颜色

右键单击【Sheet1】标签，选择【工作表标签颜色】命令，再选择新的颜色即可，如图 1-18 所示。

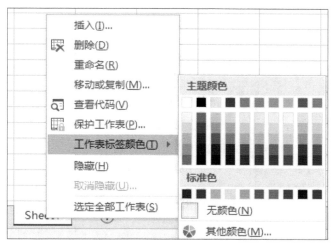

图 1-18　设置标签颜色

4) 移动或复制工作表

左键按住【Sheet1】标签不放，向左或右拖动到新的位置，即可移动工作表。

右键单击【Sheet1】标签，选择【移动或复制】命令，弹出【移动或复制工作表】对话框，选择【Sheet1】标签，再勾选【建立副本】选项，最后单击【确定】按钮即可复制工作表，如图 1-19 所示。

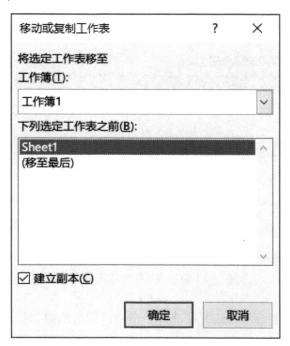

图 1-19　复制工作表

5) 隐藏和显示工作表

右键单击【Sheet1】标签，选择【隐藏】命令，即可隐藏【Sheet1】工作表(注意：只有一个工作表时不能隐藏工作表)，如图 1-20 所示。

图 1-20　隐藏工作表

若要显示隐藏的【Sheet1】工作表，则右键单击任意标签，选择【取消隐藏】命令，弹出【取消隐藏】对话框，如图 1-21 所示，选择【Sheet1】标签，单击【确定】按钮，即可显示之前隐藏的工作表【Sheet1】。

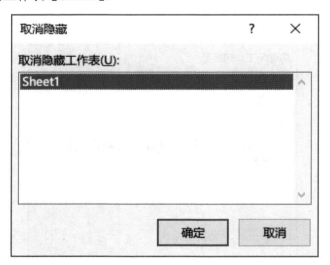

图 1-21　显示隐藏的工作表

6) 删除工作表

右键单击【Sheet1】标签，选择【删除】命令，即可删除工作表，如图 1-22 所示。

图 1-22　删除工作表

3. 单元格的基本操作

1) 选择单元格

在 Excel 2016 工作表编辑区中单击某单元格就可以选择该单元格，如单击 A1 单元格即可选择 A1 单元格，此时名称框会显示当前选择的单元格地址为 A1，如图 1-23 所示。也可以在名称框中输入单元格的地址来选择单元格，如在名称框中输入"A1"即可选择单元格 A1。

图 1-23　选择单元格 A1

2) 选择单元格区域

单击要选择的单元格区域左上角的第一个单元格，按下鼠标左键拖动到要选择的单元格区域右下方最后一个单元格处，松开鼠标即可选择单元格区域。如单击单元格 A1，按下鼠标左键拖动到单元格 D6，松开鼠标即可选择单元格区域 A1:D6，如图 1-24 所示。也可以在名称框中输入"A1:D6"来选择单元格区域。

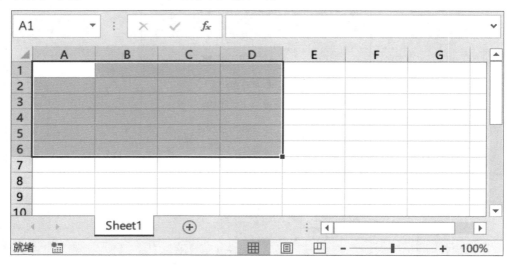

图 1-24　选择单元格区域 A1:D6

如果工作表中的数据太多，那么也可以先选择一个单元格或单元格区域，再按下组合键"Ctrl + Shift + 方向箭头"，按下哪个方向箭头，其所指方向的单元格或单元格区域的数据就会被全部选中，直到遇到空白单元格。

1.3　TipdmBI 简介

TipdmBI 数据分析和可视化平台(简称 TipdmBI 平台)是广东泰迪智能科技股份有限公司基于 SmartBI(广州思迈特软件有限公司旗下的商业智能 BI)开发的 OEM 版本，主要是为高校数据分析和可视化提供专业的学习和案例实训。用户不需要安装部署，可以通过网址(http://bi.tipdm.org)直接访问 TipdmBI 平台服务器。TipdmBI 平台具有强大的可视化功能，并且提供可运用于 Excel 软件中的 Excel 插件，以增强平台的功能。

在 Excel 2016 中，根据提供的 Excel 插件 TipdmBIExcelAddinX.X.exe(X.X 指的是版本号)访问 TipdmBI 平台，有关 Excel 插件的安装参见 1.3.3 节。

TipdmBI 平台主要用于连接数据、分析数据、可视化展现、制作报表、发布共享等。了解和熟悉 TipdmBI 平台服务器端的有关操作，为可视化分析准备数据集数据。

1.3.1　登录 TipdmBI 平台

TipdmBI 平台可以通过浏览器进行登录访问，它支持多种浏览器，如 IE 11(11.0.96 及以上)、Chrome 48 及以上、Firefox 44 及以上、360 急速模式(8.5 及以上版本)等(建议读者使用 Chrome 浏览器访问)。在浏览器中直接输入网址，即可进入登录界面，如图 1-25 所示。

在图 1-25 所示的界面中输入客户名称和密码，单击【登录】按钮，进行用户和密码验证。验证通过后，即可登录 TipdmBI 平台。

图 1-25 TipdmBI 平台登录界面

1.3.2 TipdmBI 平台主界面和功能

图 1-26 所示是 TipdmBI 平台主界面。单击用户功能栏中的用户名称(如图 1-26 的"管理员"),可弹出与用户相关的功能快捷菜单;单击 🔍 图标,可以在输入框中输入关键字,搜索平台的资源等;单击 ➕ 图标,可以建立数据集、查询业务主题与数据源等。平台的工作区可以进行有关信息的展示和操作等。单击平台的各项功能图标,可进入功能操作,图标对应的功能说明如表 1-2 所示。

图 1-26 TipdmBI 平台主界面

表 1-2　主界面图标对应的功能

图标	功能名称	说　明
	数据门户	展现已经完成的报表、可视化结果和分析报告
	数据连接	建立连接，获得数据库、数据文件等数据源数据，对数据字段名称、类型等属性进行修改，以及预览数据等
	数据准备	对数据进行整合和处理，根据业务分析需要，创建业务主题，为报表和可视化图形定义和管理数据查询的数据集，以及有关数据处理的监控等
	分析展现	展现由 Excel 客户端制作完成的报表和可视化结果，也可以通过网页进行仪表盘分析、透视分析、即时查询、多维分析、资源链接等
	资源发布	将完成的报表、可视化结果和分析报告等资源发布到计算机、平板电脑和手机端
	公共设置	定义参数，设置数据格式、脱敏规则、转换规则等
	系统运维	系统的运维管理，包括用户管理、资源的导入/导出、系统日志等

对可视化项目的数据分析主要是使用"数据连接""数据准备"的功能来实现，而对报表和可视化的分析是使用 Excel 客户端完成。

1.3.3　安装并设置 Excel 插件

附件提供了 Excel 插件(TipdmBIExcelAddin9.5.exe)，其安装步骤如下：

(1) 开始安装插件。在已下载的 TipdmBIExcelAddin9.5.exe 插件文件夹中，双击该插件文件，即可开始安装，如图 1-27 所示。注意：在安装之前请务必关闭 Office 或 WPS 软件系统。

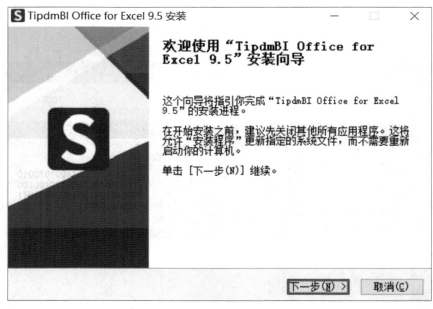

图 1-27　安装插件

(2) 选择安装插件的文件夹。单击图 1-27 所示的【下一步(N) >】按钮，弹出【TipdmBI

Office for Excel 9.5 安装】对话框，如图 1-28 所示。用户可以选择安装插件的文件夹。

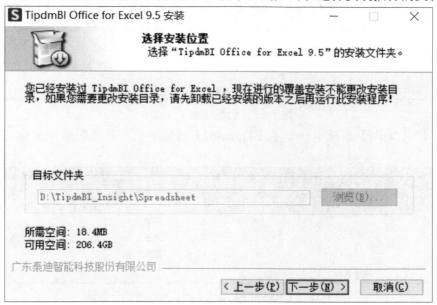

图 1-28　安装插件的文件夹

（3）完成插件的安装。选择好安装插件的文件夹后，单击图 1-28 所示的【下一步(N) >】按钮，计算机会继续安装插件。安装成功后，系统提示安装完成的有关信息，如图 1-29 所示，单击【完成(F)】按钮，完成插件的安装。

图 1-29　完成插件的安装

插件安装成功后，打开 Excel 系统，进入 Excel 操作界面，将会发现在 Excel 菜单栏中增加了【TipdmBI】选项卡，如图 1-30 所示。

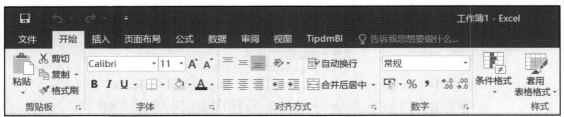

图 1-30 【TipdmBI】选项卡

单击【TipdmBI】选项卡，显示【TipdmBI】选项卡的工具栏和操作图标，如图 1-31 所示。

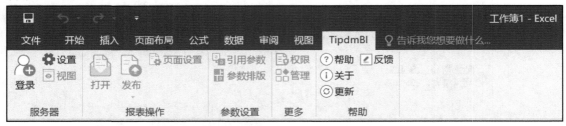

图 1-31 【TipdmBI】选项卡的工具栏和操作图标

单击图 1-31 的【服务器】组中的 ⚙ 图标，弹出【设置】对话框，如图 1-32 所示。在【服务器设置】选项卡中，设置【服务器 URL】【用户名】和【密码】参数(读者可以根据书本中提供的联系方式获取)，其他设置参数采用默认值。单击【确定】按钮，系统将会保存设置，并自动检查【服务器 URL】【用户名】【密码】参数是否正确。如果正确无误，那么系统就会自动登录服务器，获得服务器的数据集。

图 1-32 设置服务器的连接

小结

本章介绍了数据分析与可视化的流程和应用场景，还介绍了 Excel 2016 的启动方式、用户界面和关闭方式，以及工作簿、工作表、单元格的基本操作。此外，还介绍了 TipdmBI 平台，包括 TipdmBI 的简介、登录方式、主界面和功能，以及安装并设置 Excel 插件的步骤。

第 2 章　外部数据的获取

需求分析阶段完成后，需要进行数据获取。数据获取是指根据数据分析的需求获取相关原始数据的过程。在 Excel 2016 中可以直接从外部获取数据，如文本数据、MySQL 数据库中的数据等。

2.1　文　本　数　据

常见的文本数据的格式为 .txt 和 .csv。在 Excel 2016 中导入"客户信息.txt"数据的具体操作步骤如下：

(1) 打开【导入文本文件】对话框。新建一个空白工作簿，在【数据】选项卡的【获取外部数据】命令组中单击【自文本】命令，如图 2-1 所示。

图 2-1　【自文本】命令

(2) 选择要导入数据的 TXT 文件。在弹出的【导入文本文件】对话框中选择"客户信息.txt"数据，如图 2-2 所示。

图 2-2　【导入文本文件】对话框

(3) 选择最合适的数据类型。单击【导入】按钮，在弹出的【文本导入向导-第 1 步】对话框中默认选择【分隔符号】单选框，如图 2-3 所示。

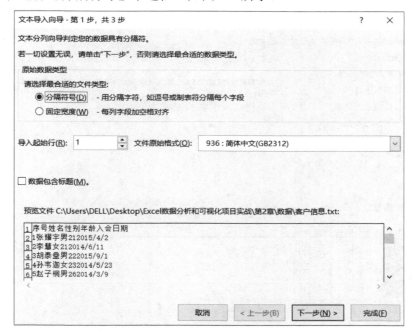

图 2-3　【文本导入向导-第 1 步】对话框

(4) 选择合适的分隔符号。单击【下一步】按钮，在弹出的【文本导入向导-第 2 步】对话框中勾选【空格】复选框，如图 2-4 所示。

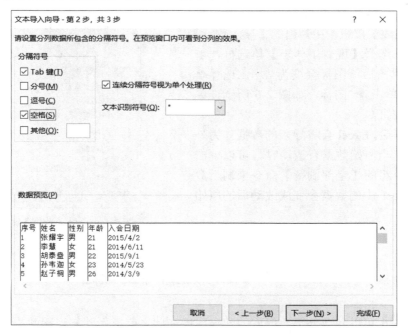

图 2-4　【文本导入向导-第 2 步】对话框

(5) 选择数据格式。再次单击【下一步】按钮,在弹出的【文本导入向导-第 3 步】对话框中默认选择【常规】单选框,如图 2-5 所示。

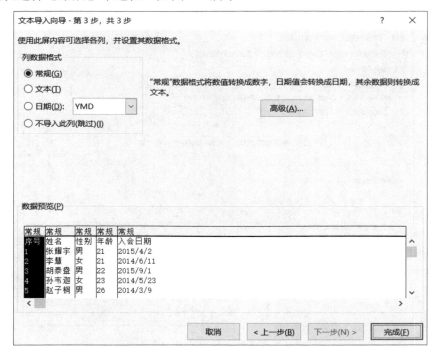

图 2-5 【文本导入向导-第 3 步】对话框

(6) 设置数据的放置位置并确定导入数据。单击【完成】按钮,在弹出的【导入数据】对话框中默认选择【现有工作表】单选框,单击 图标(单击后该图标会变为),选择单元格 A1,再单击 图标,如图 2-6 所示,单击【确定】按钮。

导入数据后,Excel 会将导入的数据作为外部数据区域,当原始数据有改动时,可以单击【连接】命令组的【全部刷新】命令来刷新数据,此时 Excel 中的数据会变成改动后的原始数据。

图 2-6 【导入数据】对话框

2.2 MySQL 数据库中的数据

Excel 2016 可以获取外部数据库的数据,但在此之前需新建与连接数据源。首先新建与连接一个 MySQL 数据源,然后在 Excel 2016 中导入 MySQL 数据库的"info"数据。

2.2.1 新建与连接 MySQL 数据源

新建与连接 MySQL 数据源的具体操作步骤如下：

(1) 打开【ODBC 数据源(64 位)】对话框。在计算机【开始】菜单中打开【控制面板】窗口，依次选择【系统和安全】和【管理工具】菜单。弹出的【管理工具】窗口如图 2-7 所示。双击【ODBC 数据源(64 位)】程序，弹出【ODBC 数据源管理程序(64 位)】对话框，如图 2-8 所示。

图 2-7 【管理工具】窗口

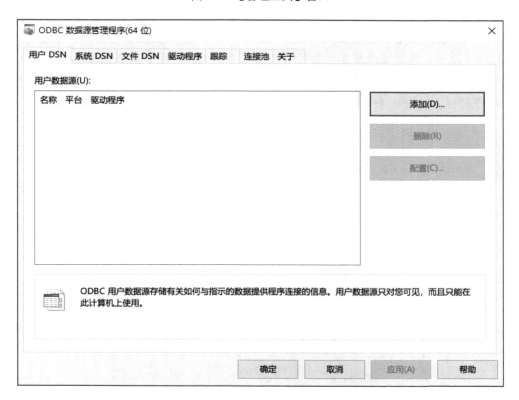

图 2-8 【ODBC 数据源管理程序(64 位)】对话框

注意： 如果是 64 位操作系统的计算机，那么选择【ODBC 数据源(32 位)】或【ODBC 数据源(64 位)】程序都可以。如果是 32 位操作系统的计算机，就只能选择【ODBC 数据源(32 位)】程序。

(2) 打开【创建新数据源】对话框。在【ODBC 数据源管理程序(64 位)】对话框中单击【添加】按钮，弹出的【创建新数据源】对话框如图 2-9 所示。

图 2-9　【创建新数据源】对话框

(3) 打开【MySQL Connector/ODBC Data Source Configuration】对话框。在【创建新数据源】对话框中，选择【选择您想为其安装数据源的驱动程序】列表框中【MySQL ODBC 8.0 Unicode Driver】，单击【完成】按钮，弹出【MySQL Connector/ODBC Data Source Configuration】对话框，如图 2-10 所示。

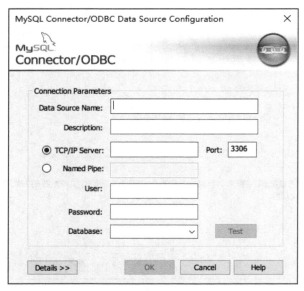

图 2-10　【MySQL Connector/ODBC Data Source Configuration】对话框

其中：

① Data Source Name——数据源名称。在【Data Source Name】文本框中输入的是自定义名称。

② Description——描述。在【Description】文本框中输入的是对数据源的描述。

③ TCP/IP Server——TCP/IP 服务器。在【TCP/IP Server】单选框的第一个文本框中，若数据库在本机，则输入 localhost(本机)；若数据库不在本机，则输入数据库所在的 IP。

④ User 和 Password——用户名和密码。这是在下载 MySQL 中自定义设置的。

⑤ Database——数据库。在【Database】下拉框中选择所需连接的数据库。

(4) 设置参数。在【MySQL Connector/ODBC Data Source Configuration】对话框的【Data Source Name】文本框中输入"会员信息"，在【Description】文本框中输入"某餐饮企业的会员信息"，在【TCP/IP Server】单选框的第一个文本框中输入"localhost"，在【User】文本框中输入用户名"root"，在【Password】文本框中输入密码，在【Database】下拉框中选择【data】，如图 2-11 所示。

图 2-11　参数设置

(5) 测速连接。单击【Test】按钮，弹出【Test Result】对话框，若显示【Connection Successful】则说明连接成功，如图 2-12 所示。单击【确定】按钮返回到【MySQL Connector/ODBC Data Source Configuration】对话框。

(6) 确定添加数据源。单击【MySQL Connector/ODBC Data Source Configuration】对话框中的【OK】按钮，返回到【ODBC 数据源管理程序(64 位)】对话框，单击【确定】按钮即可成功添加数据源，如图 2-13 所示。

图 2-12　【Test Result】对话框

图 2-13　成功添加数据源

2.2.2　导入数据

在 Excel 2016 中导入 MySQL 数据源的数据，具体的操作步骤如下：

(1) 打开【数据连接向导-欢迎使用数据连接向导】对话框。创建一个空白工作簿，在【数据】选项卡的【获取外部数据】命令组中单击【自其他来源】命令，在下拉菜单中选择【来自数据连接向导】命令，如图 2-14 所示。

图 2-14　【来自数据连接向导】命令

(2) 选择要连接的数据源。在弹出的【数据连接向导-欢迎使用数据连接向导】对话框【您想要连接哪种数据源】列表框中选择【ODBC DSN】，如图 2-15 所示。

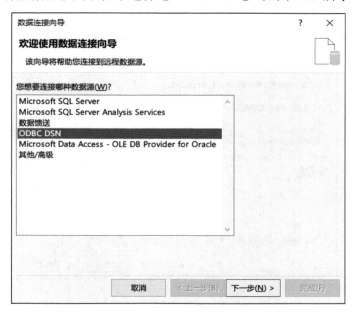

图 2-15 【欢迎使用数据连接向导】

(3) 选择要连接的 ODBC 数据源。单击【下一步】按钮，弹出【数据连接向导-连接 ODBC 数据源】对话框，在【ODBC 数据源】列表框中选择【会员信息】，如图 2-16 所示。

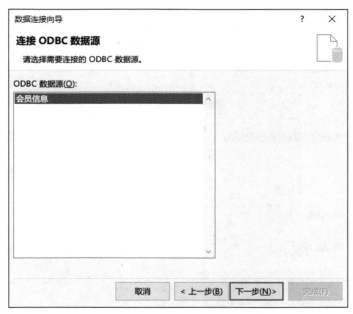

图 2-16 【连接 ODBC 数据源】

(4) 选择包含所需数据的数据库和表。单击【下一步】按钮，在弹出的【数据连接向导-选择数据库和表】对话框的【选择包含您所需的数据的数据库】列表框中单击 ⌄ 图标，在下拉列表中选择【data】数据库，在【连接到指定表格】列表框中选择【info】，如图 2-17 所示。

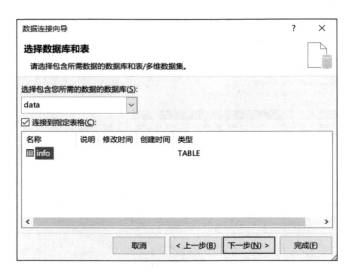

图 2-17　【选择数据库和表】

(5) 保存数据连接文件。单击【下一步】按钮，在弹出的【数据连接向导-保存数据连接文件并完成】对话框中默认文件名为"data info.odc"，如图 2-18 所示。

图 2-18　【保存数据连接文件并完成】

(6) 设置导入数据的显示方式和放置位置。单击【完成】按钮，弹出【导入数据】对话框，如图 2-19 所示。默认选择【现有工作表】单选框，单击 ⬆ 图标，选择单元格 A1，再单击 ⬇ 图标。

图 2-19 【导入数据】对话框

(7) 确定导入 MySQL 数据源的数据。单击【确定】按钮即可导入 MySQL 数据源的数据，如图 2-20 所示。

	A	B	C	D	E	F	G	H	I
1	会员号	会员名	性别	年龄	入会时间	手机号	会员星级		
2	982	叶亦凯	男	21	2014/8/18 21:41	18688880001	三星级		
3	984	张建涛	男	22	2014/12/24 19:26	18688880003	四星级		
4	986	莫子建	男	22	2014/9/11 11:38	18688880005	三星级		
5	987	易子歆	女	21	2015/2/24 21:25	18688880006	四星级		
6	988	郭仁泽	男	22	2014/11/21 21:45	18688880007	三星级		
7	989	唐莉	女	23	2014/10/29 21:52	18688880008	四星级		
8	990	张馥雨	女	22	2015/12/5 21:14	18688880009	四星级		
9	991	麦凯泽	男	21	2015/2/1 21:21	18688880010	四星级		
10	992	姜晗昱	男	22	2014/12/17 20:14	18688880011	三星级		
11	993	杨依萱	女	23	2015/10/16 20:24	18688880012	四星级		
12	994	刘乐瑶	女	21	2014/1/25 21:35	18688880013	四星级		
13	995	杨晓畅	男	49	2014/6/8 13:12	18688880014	三星级		
14	996	张昭阳	女	21	2014/1/11 18:16	18688880015	四星级		
15	997	徐子轩	女	22	2014/10/1 21:01	18688880016	三星级		

图 2-20 导入 MySQL 数据源的数据

小结

本章先以 TXT 文本数据为例，介绍了在 Excel 2016 中获取文本数据的步骤；再以 MySQL 为例，介绍了在 Excel 2016 中获取数据库中数据的步骤，包括了新建与连接 MySQL 数据源、导入 MySQL 数据源的数据。

第3章 数据处理

当今社会产生的数据日益递增，面对海量的数据，需要进行数据处理。Excel 2016 可以帮助用户快速处理工作表数据，其方法有排序、筛选和分类汇总等。

3.1 排　　序

在 Excel 2016 中，编辑的数据一般会有特定的顺序，当查看这些数据的角度发生变化时，为了方便查看，常常会对编辑的数据进行排序。

3.1.1 单个关键字排序

以某【订单信息】工作表为例，根据会员名进行升序的方法具体操作步骤如下：

(1) 选择单元格区域。在【订单信息】工作表中选择单元格区域 B 列，如图 3-1 所示。

	A	B	C	D	E	F	G
1	订单号	会员名	店铺名	店铺所在地	消费金额	是否结算	结算时间
2	201608010417	苗宇怡	私房小站（盐田分店）	深圳	165	1	2016/8/1 11:11
3	201608010301	李靖	私房小站（罗湖分店）	深圳	321	1	2016/8/1 11:31
4	201608010413	卓永梅	私房小站（盐田分店）	深圳	854	1	2016/8/1 12:54
5	201608010415	张大鹏	私房小站（罗湖分店）	深圳	466	1	2016/8/1 13:08
6	201608010392	李小东	私房小站（番禺分店）	广州	704	1	2016/8/1 13:07
7	201608010381	沈晓雯	私房小站（天河分店）	广州	239	1	2016/8/1 13:23
8	201608010429	苗泽坤	私房小站（福田分店）	深圳	699	1	2016/8/1 13:34
9	201608010433	李达明	私房小站（番禺分店）	广州	511	1	2016/8/1 13:50
10	201608010569	蓝娜	私房小站（盐田分店）	深圳	326	1	2016/8/1 17:18

订单信息

图 3-1　选择单元格区域 B 列

(2) 打开【排序】对话框。在【数据】选项卡的【排序和筛选】命令组中单击【排序】命令，如图 3-2 所示。弹出【排序提醒】对话框，如图 3-3 所示。

图 3-2　【排序】命令

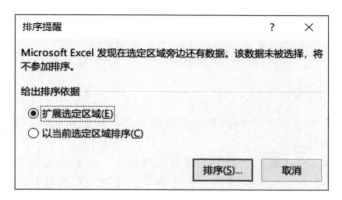

图 3-3 【排序提醒】对话框

(3) 设置主要关键字。单击【排序】按钮，在弹出的【排序】对话框【主要关键字】栏的第一个下拉框中单击 ⌄ 图标，在下拉列表中选择【会员名】，如图 3-4 所示。

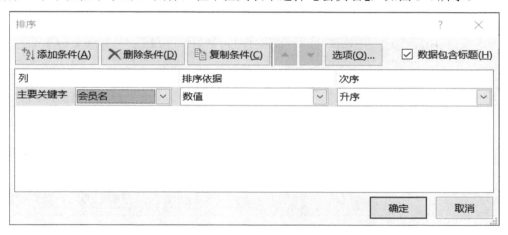

图 3-4 【排序】对话框

(4) 确定升序设置。单击【确定】按钮即可根据会员名进行升序，设置效果如图 3-5 所示。

	A	B	C	D	E	F	G
1	订单号	会员名	店铺名	店铺所在地	消费金额	是否结算	结算时间
2	201608020688	艾少雄	私房小站（越秀分店）	广州	332	1	2016/8/2 21:18
3	201608061082	艾少雄	私房小站（天河分店）	广州	458	1	2016/8/6 20:41
4	201608201161	艾少雄	私房小站（福田分店）	深圳	148	1	2016/8/20 18:34
5	201608220499	艾少雄	私房小站（禅城分店）	佛山	337	1	2016/8/22 22:08
6	201608010486	艾文茜	私房小站（天河分店）	广州	443	1	2016/8/1 20:36
7	201608150766	艾文茜	私房小站（福田分店）	深圳	702	1	2016/8/15 21:42
8	201608250518	艾文茜	私房小站（天河分店）	广州	594	1	2016/8/25 20:09
9	201608061278	艾小金	私房小站（越秀分店）	广州	185	1	2016/8/6 20:42
10	201608141143	艾小金	私房小站（天河分店）	广州	199	1	2016/8/14 22:09

订单信息

图 3-5 根据单个关键字排序设置效果

还有一种方法更加快捷简便，具体操作步骤如下：

(1) 选择单元格。在【订单信息】工作表中选择【会员名】下面任一非空单元格，例如单元格 B3。

(2) 设置升序。在【数据】选项卡的【排序和筛选】命令组中单击 ↕ 图标，即可根据会员名进行升序。

3.1.2 多个关键字排序

在【订单信息】工作表中先根据会员名进行升序，再把相同会员名的订单根据店铺名进行降序，具体的操作步骤如下：

(1) 选择单元格。在【订单信息】工作表中选择任一非空单元格。

(2) 打开【排序】对话框。在【数据】选项卡的【排序和筛选】命令组中单击【排序】命令，弹出【排序】对话框。

(3) 设置主要关键字。在【排序】对话框的【主要关键字】栏的第一个下拉框中单击 ⌄ 图标，在下拉列表中选择【会员名】，如图 3-6 所示。

图 3-6　设置主要关键字

(4) 设置次要关键字及其排序依据和次序。单击【添加条件】按钮，弹出【次要关键字】栏，在【次要关键字】栏的第一个下拉框中单击 ⌄ 图标，在下拉列表中选择【店铺名】；在【次序】下拉框中单击 ⌄ 图标，在下拉列表中选择【降序】，如图 3-7 所示。

图 3-7　设置次要关键字

(5) 确定多个排序的设置。单击【确定】按钮，即可先根据会员名进行升序，再把相同会员名的订单根据店铺名进行降序，设置效果如图 3-8 所示。

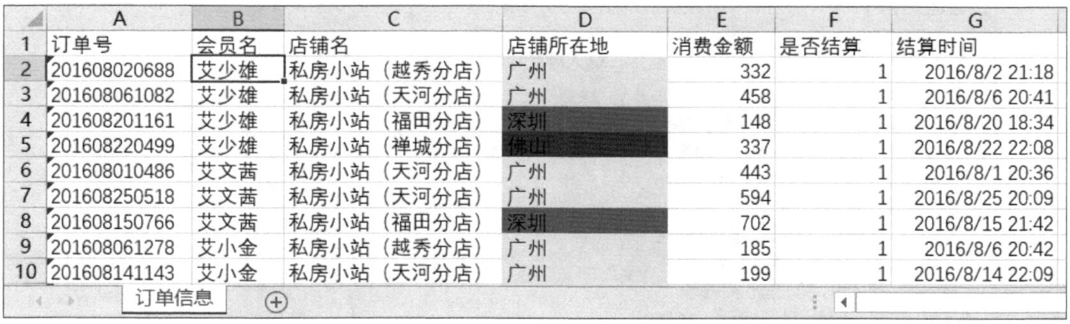

	A	B	C	D	E	F	G
1	订单号	会员名	店铺名	店铺所在地	消费金额	是否结算	结算时间
2	201608020688	艾少雄	私房小站（越秀分店）	广州	332	1	2016/8/2 21:18
3	201608061082	艾少雄	私房小站（天河分店）	广州	458	1	2016/8/6 20:41
4	201608201161	艾少雄	私房小站（福田分店）	深圳	148	1	2016/8/20 18:34
5	201608220499	艾少雄	私房小站（禅城分店）	佛山	337	1	2016/8/22 22:08
6	201608010486	艾文茜	私房小站（天河分店）	广州	443	1	2016/8/1 20:36
7	201608250518	艾文茜	私房小站（天河分店）	广州	594	1	2016/8/25 20:09
8	201608150766	艾文茜	私房小站（福田分店）	深圳	702	1	2016/8/15 21:42
9	201608061278	艾小金	私房小站（越秀分店）	广州	185	1	2016/8/6 20:42
10	201608141143	艾小金	私房小站（天河分店）	广州	199	1	2016/8/14 22:09

订单信息

图 3-8　根据多个关键字排序设置效果

3.1.3　自定义排序

在【订单信息】工作表中根据店铺所在地进行自定义排序的具体操作步骤如下：

(1) 创建一个自定义序列为"珠海、深圳、佛山、广州"。

(2) 选择单元格。在【订单信息】工作表中选择任一非空单元格。

(3) 打开【排序】对话框。在【数据】选项卡的【排序和筛选】命令组中单击【排序】命令，弹出【排序】对话框。

(4) 设置主要关键字及其次序。在【排序】对话框的【主要关键字】栏的第一个下拉框中单击☑图标，在下拉列表中选择【店铺所在地】；在【次序】下拉框中单击☑图标，在下拉列表中选择【自定义序列】，如图 3-9 所示。

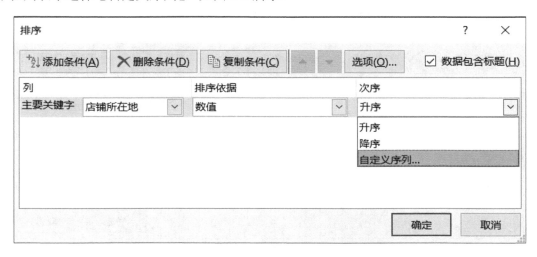

图 3-9　【排序】对话框

(5) 选择自定义序列。单击【确定】按钮，在弹出的【自定义序列】对话框【自定义序列】列表框中选择自定义序列【珠海,深圳,佛山,广州】，如图 3-10 所示。单击【确定】按钮，回到【排序】对话框，如图 3-11 所示。

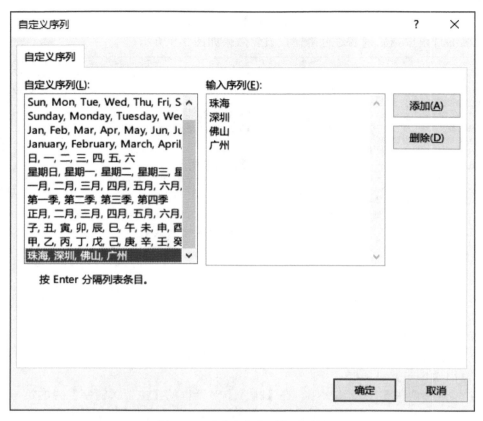

图 3-10 【自定义序列】对话框

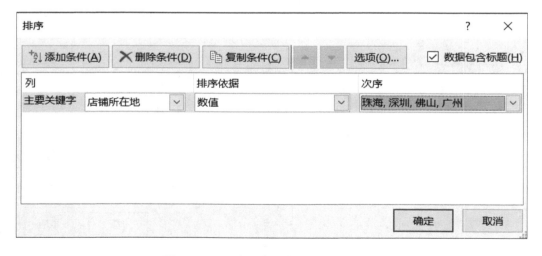

图 3-11 根据自定义排序设置主要关键字

(6) 确定自定义排序设置。再次单击【确定】按钮即可根据店铺所在地进行自定义排序，设置效果如图 3-12 所示。

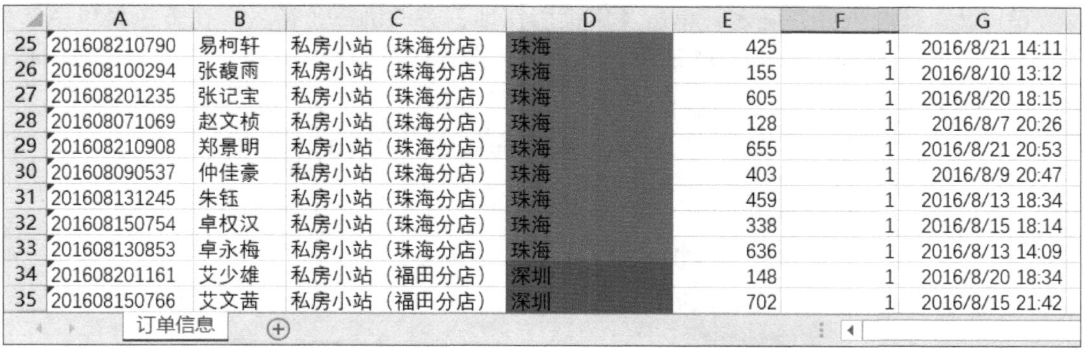

	A	B	C	D	E	F	G
25	201608210790	易柯轩	私房小站（珠海分店）	珠海	425	1	2016/8/21 14:11
26	201608100294	张馥雨	私房小站（珠海分店）	珠海	155	1	2016/8/10 13:12
27	201608201235	张记宝	私房小站（珠海分店）	珠海	605	1	2016/8/20 18:15
28	201608071069	赵文桢	私房小站（珠海分店）	珠海	128	1	2016/8/7 20:26
29	201608210908	郑景明	私房小站（珠海分店）	珠海	655	1	2016/8/21 20:53
30	201608090537	仲佳豪	私房小站（珠海分店）	珠海	403	1	2016/8/9 20:47
31	201608131245	朱钰	私房小站（珠海分店）	珠海	459	1	2016/8/13 18:34
32	201608150754	卓权汉	私房小站（珠海分店）	珠海	338	1	2016/8/15 18:14
33	201608130853	卓永梅	私房小站（珠海分店）	珠海	636	1	2016/8/13 14:09
34	201608201161	艾少雄	私房小站（福田分店）	深圳	148	1	2016/8/20 18:34
35	201608150766	艾文茜	私房小站（福田分店）	深圳	702	1	2016/8/15 21:42

订单信息

图 3-12　自定义排序设置效果

3.2　筛　　选

在海量的工作表数据中，有时不是所有的数据都必须放在一起同时研究的，单独的几个条件组合起来的数据反而更有意义，因此需要对数据进行筛选。

3.2.1　颜色筛选

在【订单信息】工作表中筛选出店铺所在地为珠海(在此工作表中店铺所在地为珠海的单元格颜色为蓝色)的行，具体的操作步骤如下：

(1) 选择单元格。在【订单信息】工作表中，选择任一非空单元格。

(2) 选择【筛选】命令。在【数据】选项卡的【排序和筛选】命令组中单击【筛选】命令，此时【订单信息】工作表的列标题旁边都显示有一个倒三角符号，如图 3-13 所示。

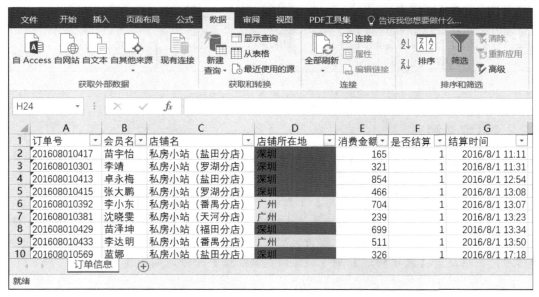

图 3-13　【筛选】命令

(3) 设置筛选条件并确定。单击【店铺所在地】旁的倒三角符号，在下拉菜单中选择【按颜色排序】命令，如图 3-14 所示。单击蓝色图标即可筛选出店铺所在地为珠海的行，设置效果如图 3-15 所示。

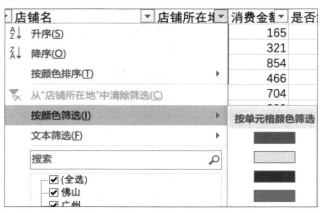

图 3-14　【按颜色排序】命令

	A	B	C	D	E	F	G	H
1	订单号	会员名	店铺名	店铺所在地	消费金额	是否结算	结算时间	
21	201608010517	许和怡	私房小站（珠海分店）	珠海	294	1	2016/8/1 21:21	
24	201608020193	吴秋雨	私房小站（珠海分店）	珠海	238	1	2016/8/2 11:33	
52	201608030749	冯颖	私房小站（珠海分店）	珠海	718	1	2016/8/3 20:01	
68	201608040669	沈磊	私房小站（珠海分店）	珠海	1006	1	2016/8/4 21:27	
71	201608050333	徐嘉怡	私房小站（珠海分店）	珠海	159	1	2016/8/5 12:19	
78	201608051070	孙静波	私房小站（珠海分店）	珠海	738	1	2016/8/5 17:29	
128	201608061290	王辰泊	私房小站（珠海分店）	珠海	656	1	2016/8/6 18:57	
136	201608061103	卫亚冰	私房小站（珠海分店）	珠海	204	1	2016/8/6 20:00	
147	201608061309	苗元琰	私房小站（珠海分店）	珠海	445	1	2016/8/6 20:59	
172	201608070836	苗成林	私房小站（珠海分店）	珠海	720	1	2016/8/7 12:02	
216	201608071069	赵文桢	私房小站（珠海分店）	珠海	128	1	2016/8/7 20:26	
243	201608090338	叶亦凯	私房小站（珠海分店）	珠海	201	1	2016/8/9 11:27	
253	201608090537	仲佳豪	私房小站（珠海分店）	珠海	403	1	2016/8/9 20:47	
262	201608100294	张馥雨	私房小站（珠海分店）	珠海	155	1	2016/8/10 13:12	

订单信息

图 3-15　根据颜色筛选设置效果

3.2.2　自定义筛选

在【订单信息】工作表中筛选出会员名为"张大鹏"和"李小东"的行，具体的操作步骤如下：

(1) 选择单元格。在【订单信息】工作表中选择任一非空单元格。

(2) 打开【自定义自动筛选方式】对话框。在【数据】选项卡的【排序和筛选】命令组中单击【筛选】命令，此时列标题旁会出现一个倒三角符号。单击【会员名】旁的倒三角符号，依次选择【文本筛选】命令和【自定义筛选】命令，如图 3-16 所示。

图 3-16 【自定义筛选】命令

(3) 设置自定义筛选条件。在弹出的【自定义自动筛选方式】对话框【会员名】下第一个条件设置中单击 ⌄ 图标,在下拉列表中选择【等于】,在旁边的文本框中输入"张大鹏";选择【或】单选按钮;然后在第二个条件设置中单击 ⌄ 图标,在下拉列表中选择【等于】,并在旁边的文本框中输入"李小东",如图 3-17 所示。

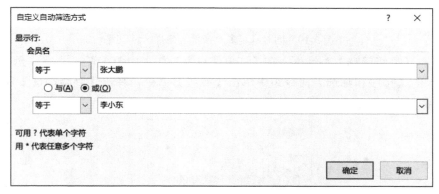

图 3-17 【自定义自动筛选方式】对话框

(4) 确定筛选设置。单击【确定】按钮即可在【订单信息】工作表中筛选出会员名为"张大鹏"和"李小东"的行,设置效果如图 3-18 所示。

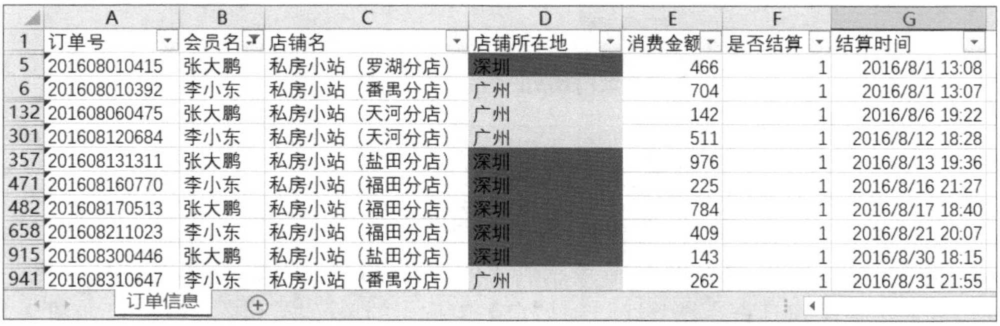

	A	B	C	D	E	F	G
1	订单号	会员名	店铺名	店铺所在地	消费金额	是否结算	结算时间
5	201608010415	张大鹏	私房小站(罗湖分店)	深圳	466	1	2016/8/1 13:08
6	201608010392	李小东	私房小站(番禺分店)	广州	704	1	2016/8/1 13:07
132	201608060475	张大鹏	私房小站(天河分店)	广州	142	1	2016/8/6 19:22
301	201608120684	李小东	私房小站(天河分店)	广州	511	1	2016/8/12 18:28
357	201608131311	张大鹏	私房小站(盐田分店)	深圳	976	1	2016/8/13 19:36
471	201608160770	李小东	私房小站(福田分店)	深圳	225	1	2016/8/16 21:27
482	201608170513	张大鹏	私房小站(福田分店)	深圳	784	1	2016/8/17 18:40
658	201608211023	李小东	私房小站(福田分店)	深圳	409	1	2016/8/21 20:07
915	201608300446	张大鹏	私房小站(盐田分店)	深圳	143	1	2016/8/30 18:15
941	201608310647	李小东	私房小站(番禺分店)	广州	262	1	2016/8/31 21:55

订单信息

图 3-18 自定义筛选效果

3.2.3　高级条件筛选

1. 同时满足多个条件的筛选

在【订单信息】工作表中筛选出店铺所在地在"深圳"且消费金额大于 1200 的行，具体的操作步骤如下：

(1) 新建一个工作表并输入筛选条件。在【订单信息】工作表旁创建一个新的工作表【Sheet1】，在【Sheet1】工作表的单元格区域 A1:B2 中建立条件区域，如图 3-19 所示。

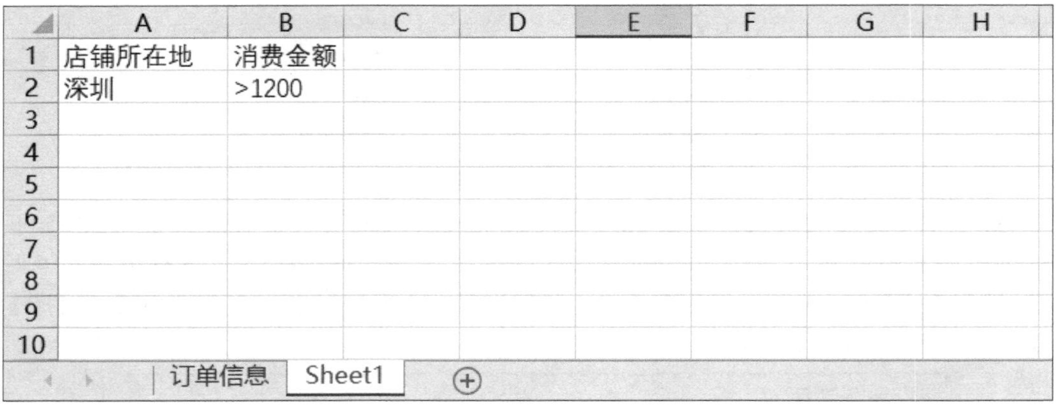

	A	B	C	D	E	F	G	H
1	店铺所在地	消费金额						
2	深圳	>1200						
3								
4								
5								
6								
7								
8								
9								
10								

订单信息　Sheet1　⊕

图 3-19　同时满足多个条件的条件区域设置

(2) 打开【高级筛选】对话框。在【订单信息】工作表中单击任一非空单元格，在【数据】选项卡的【排序和筛选】命令组中单击【高级】命令，弹出【高级筛选】对话框，如图 3-20 所示。

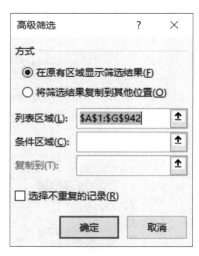

图 3-20　【高级筛选】对话框

(3) 选择列表区域。单击图 3-20 所示的【列表区域】文本框右侧的 ⬆ 图标，弹出【高级筛选-列表区域】对话框，选择【订单信息】工作表的单元格区域 A:G 列，如图 3-21 所示。单击 ⬒ 图标返回【高级筛选】对话框。

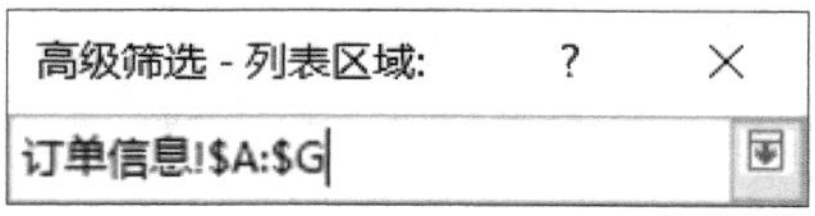
高级筛选 - 列表区域:
?
订单信息!$A:$G

图 3-21　【高级筛选-列表区域】对话框

(4) 选择条件区域。单击图 3-20 所示的【条件区域】文本框右侧的 图标，弹出【高级筛选-条件区域】对话框，选择【Sheet1】工作表的单元格区域 A1:B2，如图 3-22 所示。单击 图标返回【高级筛选】对话框。

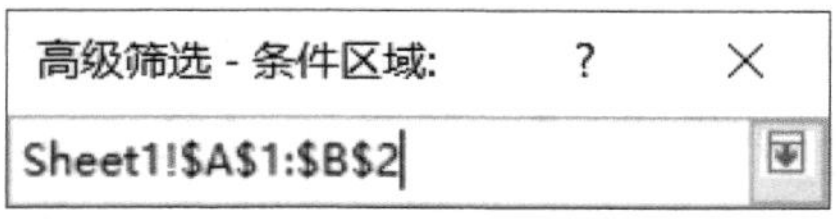
高级筛选 - 条件区域:
?
Sheet1!$A$1:$B$2

图 3-22　【高级筛选-条件区域】对话框

(5) 确定筛选设置。单击图 3-20 所示的【确定】按钮，即可在【订单信息】工作表中筛选出店铺所在地在“深圳”且消费金额大于 1200 的行，设置效果如图 3-23 所示。

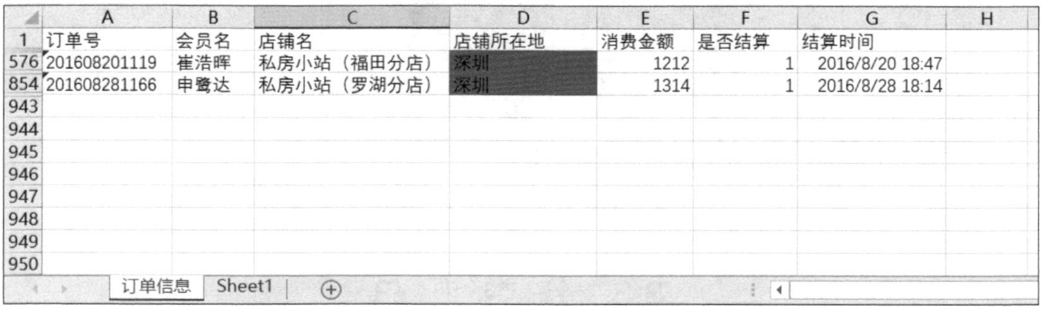
A B C D E F G H
1 订单号 会员名 店铺名 店铺所在地 消费金额 是否结算 结算时间
576 201608201119 崔浩晖 私房小站（福田分店） 深圳 1212 1 2016/8/20 18:47
854 201608281166 申鹭达 私房小站（罗湖分店） 深圳 1314 1 2016/8/28 18:14
943
944
945
946
947
948
949
950
订单信息
Sheet1

图 3-23　同时满足多个条件的筛选效果

2. 满足其中一个条件的筛选

在【订单信息】工作表中筛选出店铺所在地在“深圳”或消费金额大于 1200 的行，具体操作步骤如下：

(1) 输入筛选条件。在【订单信息】工作表旁创建一个新的工作表【Sheet2】，在【Sheet2】工作表的单元格区域 A1:B3 建立条件区域，如图 3-24 所示。

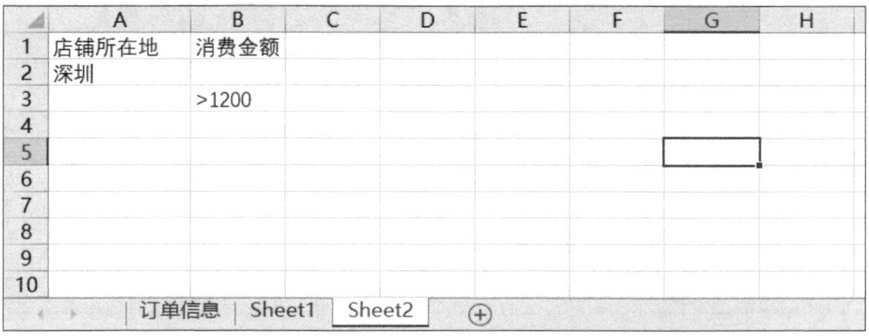
A B C D E F G H
1 店铺所在地 消费金额
2 深圳
3 >1200
4
5
6
7
8
9
10
订单信息
Sheet1
Sheet2

图 3-24　满足其中一个条件的条件区域设置

(2) 打开【高级筛选】对话框。在【订单信息】工作表中单击任一非空单元格，在【数据】选项卡的【排序和筛选】命令组中单击【高级】命令，弹出【高级筛选】对话框。

(3) 选择列表区域。单击【高级筛选】对话框中【列表区域】文本框右侧的 ⬆ 图标，弹出【高级筛选-列表区域】对话框，选择【订单信息】工作表的单元格区域 A:G 列。然后单击 ⬇ 图标返回【高级筛选】对话框。

(4) 选择条件区域。单击【高级筛选】对话框【条件区域】文本框右侧的 ⬆ 图标，弹出【高级筛选-条件区域】对话框，选择【Sheet2】工作表的单元格区域 A1:B3，如图 3-25 所示。单击 ⬇ 图标返回【高级筛选】对话框。

高级筛选 - 条件区域：	?	×
Sheet2!$A$1:$B$3		⬇

图 3-25　【高级筛选-条件区域】对话框

(5) 确定筛选设置。单击【高级筛选】对话框中的【确定】按钮，即可在【订单信息】工作表中筛选出店铺所在地在"深圳"或消费金额大于 1200 的行，设置效果如图 3-26 所示。

	A	B	C	D	E	F	G
110	201608060800	刘斌义	私房小站（福田分店）	深圳	612	1	2016/8/6 14:12
113	201608061038	冯颖	私房小站（福田分店）	深圳	486	1	2016/8/6 17:27
114	201608060690	李孩立	私房小站（盐田分店）	深圳	1000	1	2016/8/6 17:38
115	201608061026	袁家蕊	私房小站（福田分店）	深圳	1027	1	2016/8/6 17:40
116	201608061004	黄哲	私房小站（盐田分店）	深圳	801	1	2016/8/6 17:20
117	201608061012	黄碧萍	私房小站（罗湖分店）	深圳	194	1	2016/8/6 17:55
120	201608061317	习有汐	私房小站（天河分店）	广州	1210	1	2016/8/6 18:08
121	201608061002	俞子昕	私房小站（盐田分店）	深圳	224	1	2016/8/6 18:07
127	201608060712	卓亚萍	私房小站（盐田分店）	深圳	307	1	2016/8/6 18:51
130	201608061258	柴亮亮	私房小站（福田分店）	深圳	240	1	2016/8/6 19:09

订单信息　Sheet1　Sheet2　⊕

图 3-26　满足其中一个条件的筛选效果

3.3　分 类 汇 总

Excel 2016 可以通过对数据的分类汇总以求得和、积和平均值等数值。

3.3.1　简单分类汇总

在【订单信息】工作表中统计各会员的消费金额，具体的操作步骤如下：

(1) 根据会员名升序。选中 B 列任一非空单元格(例如 B3 单元格)，在【数据】选项卡的【排序和筛选】命令组中单击 ↓ 图标，根据会员名进行升序，设置效果如图 3-27 所示。

	A	B	C	D	E	F	G
1	订单号	会员名	店铺名	店铺所在地	消费金额	是否结算	结算时间
2	201608220499	艾少雄	私房小站（禅城分店）	佛山	337	1	2016/8/22 22:08
3	201608201161	艾少雄	私房小站（福田分店）	深圳	148	1	2016/8/20 18:34
4	201608061082	艾少雄	私房小站（天河分店）	广州	458	1	2016/8/6 20:41
5	201608020688	艾少雄	私房小站（越秀分店）	广州	332	1	2016/8/2 21:18
6	201608150766	艾文茜	私房小站（福田分店）	深圳	702	1	2016/8/15 21:42
7	201608010486	艾文茜	私房小站（天河分店）	广州	443	1	2016/8/1 20:36
8	201608250518	艾文茜	私房小站（天河分店）	广州	594	1	2016/8/25 20:09
9	201608141143	艾小金	私房小站（天河分店）	广州	199	1	2016/8/14 22:09
10	201608240501	艾小金	私房小站（天河分店）	广州	504	1	2016/8/24 19:30

订单信息　⊕

图 3-27　根据会员名进行升序

(2) 打开【分类汇总】对话框。在【数据】选项卡的【分级显示】命令组中单击【分类汇总】命令，如图 3-28 所示。

图 3-28 【分类汇总】命令

(3) 设置参数。在弹出的【分类汇总】对话框中单击【分类字段】下拉框的 ∨ 图标，在下拉列表中选择【会员名】；单击【汇总方式】下拉框的 ∨ 图标，在下拉列表中选择【求和】；在【选定汇总项】列表框中勾选【消费金额】复选框，取消其他复选框的勾选，如图 3-29 所示。

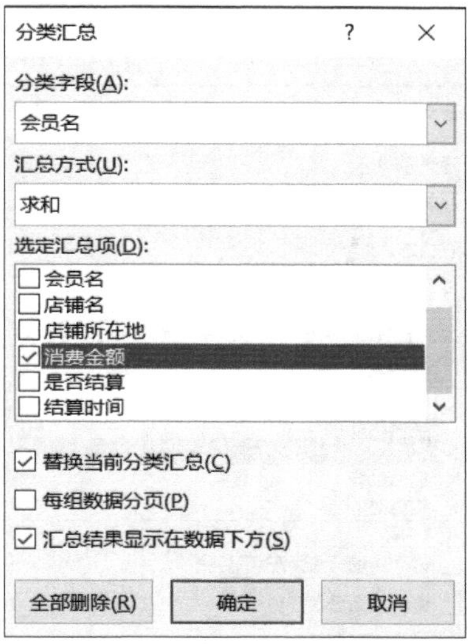

图 3-29 【分类汇总】对话框

(4) 确定设置。单击【确定】按钮即可在【订单信息】工作表中统计出各会员消费金额的总额，设置效果如图 3-30 所示。

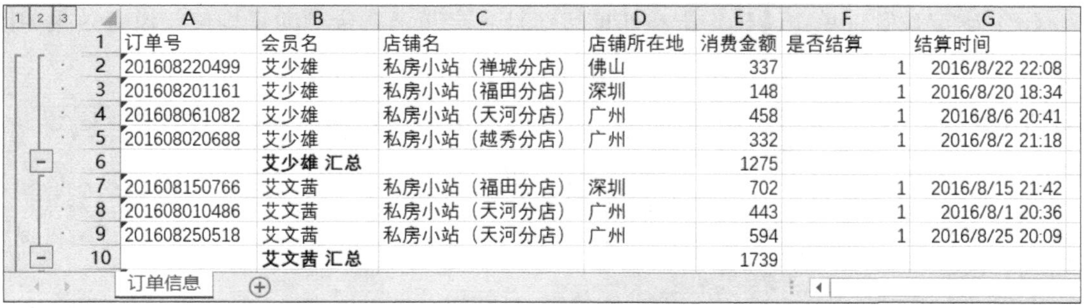

	A	B	C	D	E	F	G
1	订单号	会员名	店铺名	店铺所在地	消费金额	是否结算	结算时间
2	201608220499	艾少雄	私房小站（禅城分店）	佛山	337	1	2016/8/22 22:08
3	201608201161	艾少雄	私房小站（福田分店）	深圳	148	1	2016/8/20 18:34
4	201608061082	艾少雄	私房小站（天河分店）	广州	458	1	2016/8/6 20:41
5	201608020688	艾少雄	私房小站（越秀分店）	广州	332	1	2016/8/2 21:18
6		艾少雄 汇总			1275		
7	201608150766	艾文茜	私房小站（福田分店）	深圳	702	1	2016/8/15 21:42
8	201608010486	艾文茜	私房小站（天河分店）	广州	443	1	2016/8/1 20:36
9	201608250518	艾文茜	私房小站（天河分店）	广州	594	1	2016/8/25 20:09
10		艾文茜 汇总			1739		

图 3-30 简单分类汇总效果

在分类汇总后，工作表行号左侧出现的 ⊞ 和 ⊟ 图标是层次按钮，分别显示和隐藏组中的明细数据。在层次按钮上方出现的 1 2 3 按钮是分级显示按钮，单击所需级别的数字就会隐藏较低级别的明细数据，显示其他级别的明细数据。

若要删除分类汇总，则选择包含分类汇总的单元格区域，然后在图 3-29 所示的【分类汇总】对话框中单击【全部删除】按钮即可。

3.3.2　高级分类汇总

在【订单信息】工作表中统计各会员消费金额的平均值，具体操作步骤如下：

(1) 打开【分类汇总】对话框。在简单分类汇总结果的基础上，在【数据】选项卡的【分级显示】命令组中单击【分类汇总】命令。

(2) 设置参数。在弹出的【分类汇总】对话框中单击【分类字段】下拉框的 ∨ 图标，在下拉列表中选择【会员名】；单击【汇总方式】下拉框的∨图标，在下拉列表中选择【平均值】；在【选定汇总项】列表框中勾选【消费金额】；取消勾选【替换当前分类汇总】复选框，如图 3-31 所示。

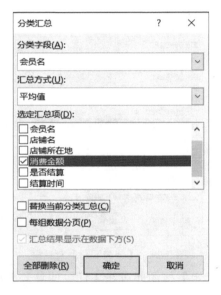

图 3-31　选择汇总方式为平均值

(3) 确定设置。单击【确定】按钮即可统计各会员消费金额的平均值，设置效果如图 3-32 所示。

		A	B	C	D	E	F	G
	1	订单号	会员名	店铺名	店铺所在地	消费金额	是否结算	结算时间
	2	201608220499	艾少雄	私房小站（禅城分店）	佛山	337	1	2016/8/22 22:08
	3	201608201161	艾少雄	私房小站（福田分店）	深圳	148	1	2016/8/20 18:34
	4	201608061082	艾少雄	私房小站（天河分店）	广州	458	1	2016/8/6 20:41
	5	201608020688	艾少雄	私房小站（越秀分店）	广州	332	1	2016/8/2 21:18
	6		艾少雄 平均值			318.75		
	7		艾少雄 汇总			1275		
	8	201608150766	艾文茜	私房小站（福田分店）	深圳	702	1	2016/8/15 21:42
	9	201608010486	艾文茜	私房小站（天河分店）	广州	443	1	2016/8/1 20:36
	10	201608250518	艾文茜	私房小站（天河分店）	广州	594	1	2016/8/25 20:09

订单信息

图 3-32　高级分类汇总效果

3.3.3 嵌套分类汇总

在【订单信息】工作表中，先对会员名进行简单分类汇总，再对店铺名进行分类汇总，具体操作步骤如下：

(1) 对数据进行排序。在【订单信息】工作表中先根据会员名进行升序，再将相同会员名的订单根据店铺名进行升序，排序效果如图 3-33 所示。

	A	B	C	D	E	F	G
1	订单号	会员名	店铺名	店铺所在地	消费金额	是否结算	结算时间
2	201608220499	艾少雄	私房小站（禅城分店）	佛山	337	1	2016/8/22 22:08
3	201608201161	艾少雄	私房小站（福田分店）	深圳	148	1	2016/8/20 18:34
4	201608061082	艾少雄	私房小站（天河分店）	广州	458	1	2016/8/6 20:41
5	201608020688	艾少雄	私房小站（越秀分店）	广州	332	1	2016/8/2 21:18
6	201608150766	艾文茜	私房小站（福田分店）	深圳	702	1	2016/8/15 21:42
7	201608010486	艾文茜	私房小站（天河分店）	广州	443	1	2016/8/1 20:36
8	201608250518	艾文茜	私房小站（天河分店）	广州	594	1	2016/8/25 20:09
9	201608141143	艾小金	私房小站（天河分店）	广州	199	1	2016/8/14 22:09
10	201608240501	艾小金	私房小站（天河分店）	广州	504	1	2016/8/24 19:30
11	201608061278	艾小金	私房小站（越秀分店）	广州	185	1	2016/8/6 20:42
12	201608201244	包承昊	私房小站（越秀分店）	广州	404	1	2016/8/20 18:24
13	201608200813	包达菲	私房小站（天河分店）	广州	1018	1	2016/8/20 11:52
14	201608210815	包家铭	私房小站（天河分店）	广州	707	1	2016/8/21 11:48

订单信息

图 3-33　排序效果

(2) 设置分类汇总参数。

设置会员分类汇总参数。在【数据】选项卡的【分级显示】命令组中单击【分类汇总】命令，在弹出的【分类汇总】对话框中设置参数，如图 3-34 所示，单击【确定】按钮可得到关于会员名的汇总结果。

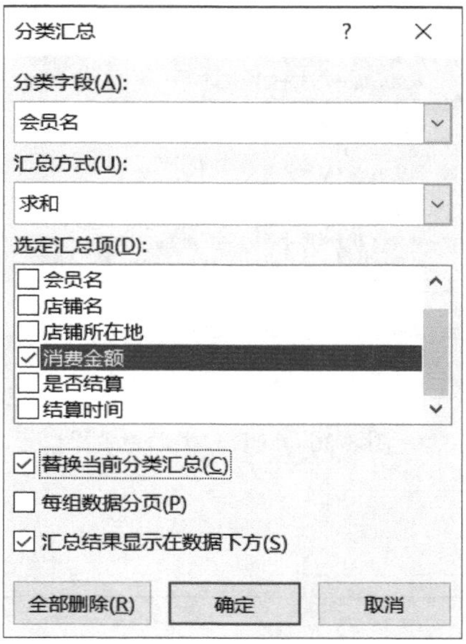

图 3-34　会员名的汇总参数设置

设置店铺名分类汇总参数。在【数据】选项卡的【分级显示】命令组中单击【分类汇总】命令，在弹出的【分类汇总】对话框中设置参数，如图 3-35 所示。

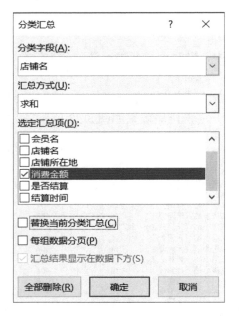

图 3-35　店铺名的汇总参数设置

(3) 确定设置。单击【确定】按钮即可完成关于会员名和店铺名的嵌套分类汇总，效果如图 3-36 所示。

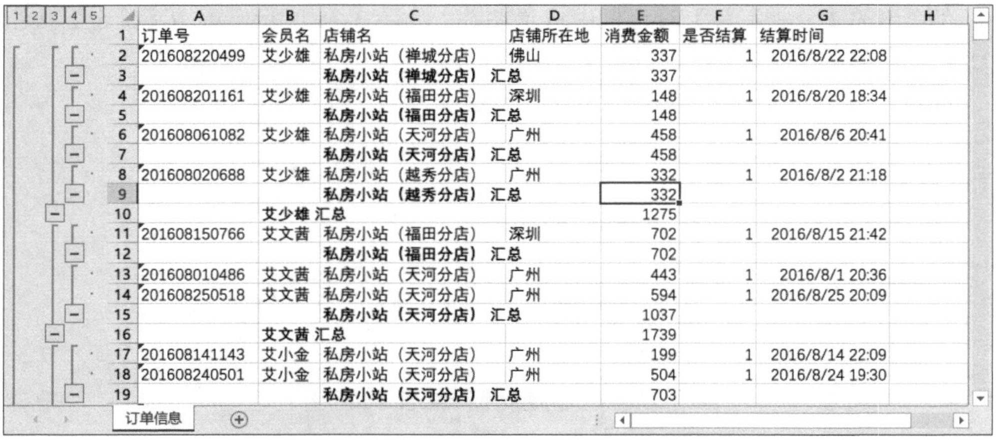

	A	B	C	D	E	F	G	H
1	订单号	会员名	店铺名	店铺所在地	消费金额	是否结算	结算时间	
2	201608220499	艾少雄	私房小站（禅城分店）	佛山	337	1	2016/8/22 22:08	
3			私房小站（禅城分店）汇总		337			
4	201608201161	艾少雄	私房小站（福田分店）	深圳	148	1	2016/8/20 18:34	
5			私房小站（福田分店）汇总		148			
6	201608061082	艾少雄	私房小站（天河分店）	广州	458	1	2016/8/6 20:41	
7			私房小站（天河分店）汇总		458			
8	201608020688	艾少雄	私房小站（越秀分店）	广州	332	1	2016/8/2 21:18	
9			私房小站（越秀分店）汇总		332			
10		艾少雄 汇总			1275			
11	201608150766	艾文茜	私房小站（福田分店）	深圳	702	1	2016/8/15 21:42	
12			私房小站（福田分店）汇总		702			
13	201608010486	艾文茜	私房小站（天河分店）	广州	443	1	2016/8/1 20:36	
14	201608250518	艾文茜	私房小站（天河分店）	广州	594	1	2016/8/25 20:09	
15			私房小站（天河分店）汇总		1037			
16		艾文茜 汇总			1739			
17	201608141143	艾小金	私房小站（天河分店）	广州	199	1	2016/8/14 22:09	
18	201608240501	艾小金	私房小站（天河分店）	广州	504	1	2016/8/24 19:30	
19			私房小站（天河分店）汇总		703			

订单信息

图 3-36　嵌套分类汇总效果

小结

本章介绍了在 Excel 2016 中进行数据排序的基本步骤，包括根据单个关键字排序、根据多个关键字排序和自定义排序；进行数据筛选的基本步骤，包括了根据颜色筛选、自定义筛选和根据高级条件筛选；进行分类汇总数据的基本步骤，包括简单分类汇总、高级分类汇总和嵌套分类汇总。

第4章 函数的应用

为了对工作表中的数据进行计算，需要在单元格中创建和使用公式，而为了完成一些复杂的运算，还需要在公式中使用各种各样的函数。本章讲解在 Excel 2016 中常用的函数。

4.1 公式和函数

运用公式可以对数据进行处理，同时 Excel 2016 中丰富的内置函数，也极大地方便了用户进行数据处理。现对某餐饮店 2016 年的【9月1日订单详情】工作表分别使用公式和函数计算菜品的总价，再采用引用单元格的方式完善【9月1日订单详情】和【9月订单详情】工作表。

4.1.1 输入公式和函数

公式是工作表中用于对单元格数据进行各种运算的等式，它必须以等号"="开头，一个完整的公式通常由运算符和操作数组成。在 Excel 2016 中，函数实际上是一个预先定义的特定计算公式。

1. 输入公式

在【9月1日订单详情】工作表中输入公式来计算菜品的总价，具体操作步骤如下：

(1) 输入等号。单击单元格 E4，输入等号"="，Excel 2016 就会默认用户正在输入公式，系统的状态栏显示为【输入】，如图 4-1 所示。

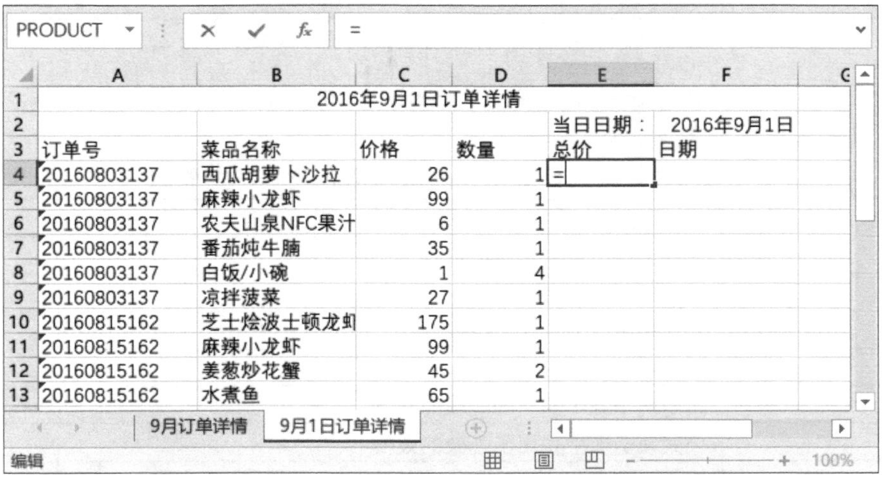

	A	B	C	D	E	F
1			2016年9月1日订单详情			
2					当日日期：	2016年9月1日
3	订单号	菜品名称	价格	数量	总价	日期
4	20160803137	西瓜胡萝卜沙拉	26	1	=	
5	20160803137	麻辣小龙虾	99	1		
6	20160803137	农夫山泉NFC果汁	6	1		
7	20160803137	番茄炖牛腩	35	1		
8	20160803137	白饭/小碗	1	4		
9	20160803137	凉拌菠菜	27	1		
10	20160815162	芝士焗波士顿龙虾	175	1		
11	20160815162	麻辣小龙虾	99	1		
12	20160815162	姜葱炒花蟹	45	2		
13	20160815162	水煮鱼	65	1		

图 4-1　输入等号

(2) 输入公式。因为总价等于价格乘以数量，所以在等号后面输入公式"26*1"，如图 4-2 所示。

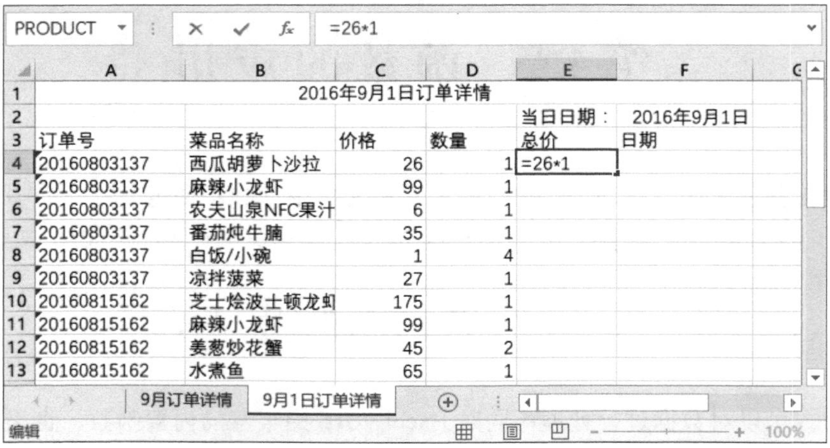

图 4-2　输入公式

(3) 确定公式。按下【Enter】键，Excel 2016 就会计算出"26 × 1=26"，按照步骤(2) 的方法计算所有的总价，如图 4-3 所示。

图 4-3　计算结果

在输入公式时，可能会出现输入错误，此时单元格会显示相应的错误信息。常见的错误信息及其产生原因如表 4-1 所示。

表 4-1　输入公式常见的错误信息及其产生原因

错误信息	产 生 原 因
#####	内容太长，单元格宽度不够
#DIV/0!	当数字除以零(0)时
#N/A	数值对函数或公式不可用
#NAME?	Excel 无法识别公式中的文本
#NULL!	指定两个并不相交的区域的交点
#NUM!	公式或函数中使用了无效的数值
#REF!	引用的单元格无效
#VALUE!	使用的参数或操作数的类型不正确

2．输入函数

Excel 2016 函数按功能分类如表 4-2 所示。

表 4-2 Excel 2016 函数按功能分类

函数类型	作 用
加载宏和自动化函数	用于加载宏或执行某些自动化操作
多维数据集函数	用于从多维数据库中提取数据并将其显示在单元格中
数据库函数	用于对数据库中的数据进行分析
日期和时间函数	用于处理公式中与日期和时间有关的值
工程函数	用于处理复杂的数值，并在不同的数制和测量体系中进行转换
财务函数	用于进行财务方面的相关计算
信息函数	可帮助用户判断单元格内数据所属的类型以及单元格是否为空等
逻辑函数	用于检测是否满足一个或多个条件
查找和引用函数	用于查找存储在工作表中的特定值
数学和三角函数	用于进行数学和三角函数方面的各种计算
统计函数	用于对特定范围内的数据进行分析统计
文本函数	用于处理公式中的文本字符串

如果对所输入的函数的名称和相关参数不熟悉，那么可以选择通过【插入函数】来输入函数。在 Excel 2016 中通过【插入函数】输入"PRODUCT"函数来求在【9 月订单详情】工作表订单的汇总总价，具体操作步骤如下：

(1) 打开【插入函数】对话框。选择单元格 E10，在【公式】选项卡的【函数库】命令组中单击【插入函数】命令，如图 4-4 所示。

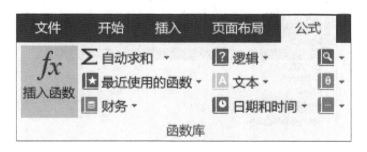

图 4-4 【插入函数】命令

(2) 选择函数类别。在弹出的【插入函数】对话框的【或选择类别】下拉框中选择【数学与三角函数】，如图 4-5 所示。

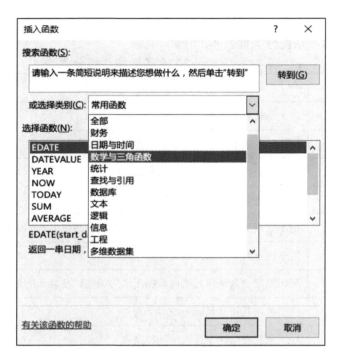

图 4-5　选择【数学与三角函数】

(3) 选择函数。在【选择函数】列表框中选择【PRODUCT】函数，如图 4-6 所示，单击【确定】按钮。

图 4-6　选择【PRODUCT】函数

也可以在【搜索函数】文本框中输入需要的函数，然后单击【转到】按钮即可在【选择函数】文本框中显示所需函数。

在【插入函数】对话框的【选择函数】列表框下方可以查看函数与参数的说明。

(4) 设置参数。在弹出的【函数参数】对话框的【Number1】文本框中输入"26"，【Number2】文本框中输入"1"，即输入了要相乘的数值，如图 4-7 所示。

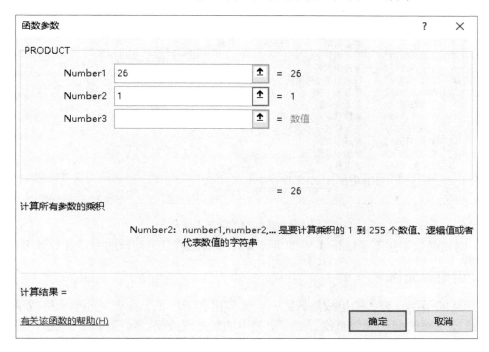

图 4-7　【函数参数】对话框

(5) 确定设置。单击【确定】按钮即可输出用 PRODUCT 函数计算出的订单总价，用同样的方法计算其余订单的总价，如图 4-8 所示。

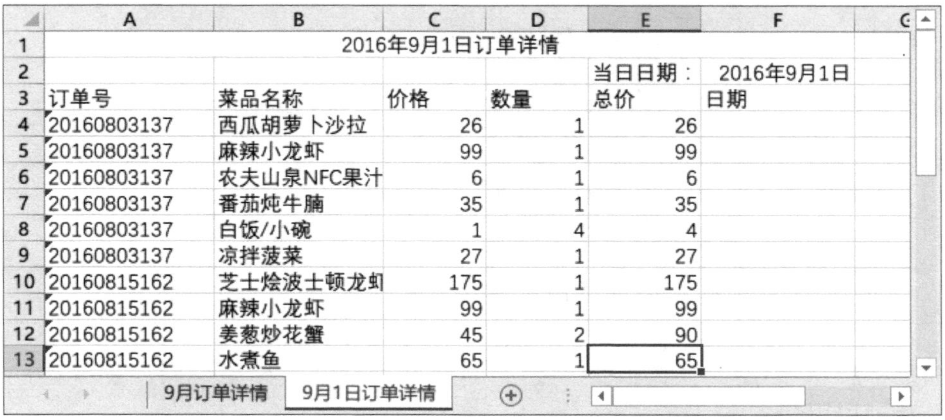

	A	B	C	D	E	F	G
1			2016年9月1日订单详情				
2					当日日期：	2016年9月1日	
3	订单号	菜品名称	价格	数量	总价	日期	
4	20160803137	西瓜胡萝卜沙拉	26	1	26		
5	20160803137	麻辣小龙虾	99	1	99		
6	20160803137	农夫山泉NFC果汁	6	1	6		
7	20160803137	番茄炖牛腩	35	1	35		
8	20160803137	白饭/小碗	1	4	4		
9	20160803137	凉拌菠菜	27	1	27		
10	20160815162	芝士烩波士顿龙虾	175	1	175		
11	20160815162	麻辣小龙虾	99	1	99		
12	20160815162	姜葱炒花蟹	45	2	90		
13	20160815162	水煮鱼	65	1	65		

| 9月订单详情 | 9月1日订单详情 |

图 4-8　使用 PRODUCT 函数得到的效果

如果熟悉函数的名称和相关参数，那么可以使用方便快捷的手动输入函数方法(注意手动输入时函数的符号都要在英文状态下输入)。手动输入 PRODUCT 函数的操作步骤如下：

(1) 输入函数。选择单元格 E4，手动输入求和函数 "=PRODUCT(26,1)"，如图 4-9 所示。

PRODUCT	▼	⋮	×	✓	fx	=PRODUCT(26,1)		
▲	A	B		C	D	E	F	G
1			2016年9月1日订单详情					
2						当日日期：	2016年9月1日	
3	订单号	菜品名称		价格	数量	总价	日期	
4	20160803137	西瓜胡萝卜沙拉		26	1	=PRODUCT(26,1)		
5	20160803137	麻辣小龙虾		99	1			
6	20160803137	农夫山泉NFC果汁		6	1			
7	20160803137	番茄炖牛腩		35	1			
8	20160803137	白饭/小碗		1	4			
9	20160803137	凉拌菠菜		27	1			
10	20160815162	芝士烩波士顿龙虾		175	1			
11	20160815162	麻辣小龙虾		99	1			
12	20160815162	姜葱炒花蟹		45	2			
13	20160815162	水煮鱼		65	1			

9月订单详情　9月1日订单详情　⊕

编辑　　　　　　　　　　　　　　　田　回　凹　――＋ 100%

图 4-9　输入 PRODUCT 函数

(2) 确定函数。按下【Enter】键即可计算订单的总价，用同样的方法计算其余的总价。

4.1.2　引用单元格

单元格的引用是公式的组成部分之一，其作用在于标识工作表上的单元格或单元格区域，并通过 Excel 标识区域查找公式中所使用的数值或数据。常用的单元格引用样式及其说明如表 4-3 所示。

表 4-3　常用的单元格引用样式及其说明

引用样式	样式说明
A1	列 A 和行 1 交叉处的单元格
A1:A10	在列 A 和行 1 到行 10 之间的单元格
B2:E2	在行 2 和列 B 到列 E 之间的单元格
3:3	行 3 中全部的单元格
3:5	行 3 到行 5 之间全部的单元格
D:D	列 D 中全部的单元格
A:D	列 A 到列 D 之间全部的单元格
A1:D10	列 A 到列 D 和行 1 到行 10 之间的单元格

1. 相对引用

前面介绍了如何输入公式和函数，但当所需输入的数据太多时，一个一个单元格去输入公式和函数会耗费大量时间，此时可以考虑使用引用单元格的方式输入公式和函数，并用填充公式的方式输入其余的公式和函数。

在【9 月 1 日订单详情】工作表中使用相对引用的方式计算菜品总价，具体操作步骤如下：

(1) 计算一个总价。选择单元格 E4，输入"=C4*D4"，按下【Enter】键，计算结果如图 4-10 所示。

	A	B	C	D	E	F	G
1		2016年9月1日订单详情					
2					当日日期：	2016年9月1日	
3	订单号	菜品名称	价格	数量	总价	日期	
4	20160803137	西瓜胡萝卜沙拉	26	1	26		
5	20160803137	麻辣小龙虾	99	1			
6	20160803137	农夫山泉NFC果汁	6	1			
7	20160803137	番茄炖牛腩	35	1			
8	20160803137	白饭/小碗	1	4			
9	20160803137	凉拌菠菜	27	1			
10	20160815162	芝士烩波士顿龙虾	175	1			
11	20160815162	麻辣小龙虾	99	1			
12	20160815162	姜葱炒花蟹	45	2			
13	20160815162	水煮鱼	65	1			

9月订单详情　9月1日订单详情

图 4-10　输入公式计算第一个菜品的总价

(2) 选择填充公式的区域。单击单元格 E4，将鼠标指向单元格 E4 的右下角，当指针变为黑色且加粗的"+"时，单击左键不放开，拖动鼠标向下拉到单元格 E13，如图 4-11 所示。

	A	B	C	D	E	F	G
1		2016年9月1日订单详情					
2					当日日期：	2016年9月1日	
3	订单号	菜品名称	价格	数量	总价	日期	
4	20160803137	西瓜胡萝卜沙拉	26	1	26		
5	20160803137	麻辣小龙虾	99	1			
6	20160803137	农夫山泉NFC果汁	6	1			
7	20160803137	番茄炖牛腩	35	1			
8	20160803137	白饭/小碗	1	4			
9	20160803137	凉拌菠菜	27	1			
10	20160815162	芝士烩波士顿龙虾	175	1			
11	20160815162	麻辣小龙虾	99	1			
12	20160815162	姜葱炒花蟹	45	2			
13	20160815162	水煮鱼	65	1			

9月订单详情　9月1日订单详情

图 4-11　按住左键不放再拖动鼠标向下

(3) 填充公式。松开左键，选中的单元格会自动复制公式，但引用的单元格会变成引用相对应的单元格，例如单元格 E5 的公式为"=C5*D5"，设置效果如图 4-12 所示。

也可以当指针变为黑色且加粗的"+"时，双击左键，单元格 E4 下方的单元格会自动复制公式直到遇到空行停止，这种方法适用于填充较多的公式时使用。

	A	B	C	D	E	F	G
1			2016年9月1日订单详情				
2					当日日期:	2016年9月1日	
3	订单号	菜品名称	价格	数量	总价	日期	
4	20160803137	西瓜胡萝卜沙拉	26	1	26		
5	20160803137	麻辣小龙虾	99	1	99		
6	20160803137	农夫山泉NFC果汁	6	1	6		
7	20160803137	番茄炖牛腩	35	1	35		
8	20160803137	白饭/小碗	1	4	4		
9	20160803137	凉拌菠菜	27	1	27		
10	20160815162	芝士烩波士顿龙虾	175	1	175		
11	20160815162	麻辣小龙虾	99	1	99		
12	20160815162	姜葱炒花蟹	45	2	90		
13	20160815162	水煮鱼	65	1	65		

9月订单详情　9月1日订单详情

图 4-12　相对引用

2. 绝对引用

在【9 月 1 日订单详情】工作表中用绝对引用(即在引用单元格名称前加上符号"$")的方式输入订单的日期,具体操作步骤如下:

(1) 输入公式。选择单元格 F4,输入"=$F$2",如图 4-13 所示,按下【Enter】键。

F4				f_x	=$F$2		
	A	B	C	D	E	F	G
1			2016年9月1日订单详情				
2					当日日期:	2016年9月1日	
3	订单号	菜品名称	价格	数量	总价	日期	
4	20160803137	西瓜胡萝卜沙拉	26	1	26	=$F$2	
5	20160803137	麻辣小龙虾	99	1	99		
6	20160803137	农夫山泉NFC果汁	6	1	6		
7	20160803137	番茄炖牛腩	35	1	35		
8	20160803137	白饭/小碗	1	4	4		
9	20160803137	凉拌菠菜	27	1	27		
10	20160815162	芝士烩波士顿龙虾	175	1	175		
11	20160815162	麻辣小龙虾	99	1	99		
12	20160815162	姜葱炒花蟹	45	2	90		
13	20160815162	水煮鱼	65	1	65		

9月订单详情　9月1日订单详情

图 4-13　输入日期

(2) 填充公式。单击单元格 F4,将鼠标指向单元格 F4 的右下角,当指针变为黑色且加粗的"+"时,双击左键,单元格 F4 下方的单元格会自动复制公式,引用的单元格不变,设置效果如图 4-14 所示。

相对引用和绝对引用混合使用可以变为混合引用,包括绝对列和相对行或绝对行和相对列,绝对引用列采用的$A1、$B1 等形式,绝对引用行采用的 A$1、B$1 等形式。

▲	A	B	C	D	E	F	G ▲
1			2016年9月1日订单详情				
2					当日日期：	2016年9月1日	
3	订单号	菜品名称	价格	数量	总价	日期	
4	20160803137	西瓜胡萝卜沙拉	26	1	26	2016年9月1日	
5	20160803137	麻辣小龙虾	99	1	99	2016年9月1日	
6	20160803137	农夫山泉NFC果汁	6	1	6	2016年9月1日	
7	20160803137	番茄炖牛腩	35	1	35	2016年9月1日	
8	20160803137	白饭/小碗	1	4	4	2016年9月1日	
9	20160803137	凉拌菠菜	27	1	27	2016年9月1日	
10	20160815162	芝士烩波士顿龙虾	175	1	175	2016年9月1日	
11	20160815162	麻辣小龙虾	99	1	99	2016年9月1日	
12	20160815162	姜葱炒花蟹	45	2	90	2016年9月1日	
13	20160815162	水煮鱼	65	1	65	2016年9月1日	

| 9月订单详情 | 9月1日订单详情 | ⊕ |

图 4-14　绝对引用

相对引用、绝对引用和混合引用是单元格引用的主要方式，在单元格或编辑栏中选中单元格引用，按 F4 键可以在相对引用、绝对引用和混合引用之间快速切换，如按下 F4 键可以在 A1、$A$1、A$1 和$A1 之间转换。

3．三维引用

如果要分析同一个工作簿中多个工作表上相同单元格或单元格区域中的数据，那么可以使用三维引用。

在【9 月 1 日订单详情】工作表中使用三维引用的方式输入 9 月 1 日营业额，具体操作步骤如下：

(1) 计算 9 月 1 日营业额。在【9 月 1 日订单详情】工作表中把所有订单的总价相加，计算出 9 月 1 日营业额，如图 4-15 所示。

▲	A	B	C	D	E	F	G	H ▲
1			2016年9月1日订单详情					
2					当日日期：	2016年9月1日		
3	订单号	菜品名称	价格	数量	总价	日期		
4	20160803137	西瓜胡萝卜沙拉	26	1	26	2016年9月1日		9月1日营业额
5	20160803137	麻辣小龙虾	99	1	99	2016年9月1日		626
6	20160803137	农夫山泉NFC果汁	6	1	6	2016年9月1日		
7	20160803137	番茄炖牛腩	35	1	35	2016年9月1日		
8	20160803137	白饭/小碗	1	4	4	2016年9月1日		
9	20160803137	凉拌菠菜	27	1	27	2016年9月1日		
10	20160815162	芝士烩波士顿龙虾	175	1	175	2016年9月1日		
11	20160815162	麻辣小龙虾	99	1	99	2016年9月1日		
12	20160815162	姜葱炒花蟹	45	2	90	2016年9月1日		
13	20160815162	水煮鱼	65	1	65	2016年9月1日		

| 9月订单详情 | 9月1日订单详情 | ⊕ |

图 4-15　计算 9 月 1 日营业额

(2) 输入公式。在【9 月订单详情】工作表中单击单元格 B1，输入 "=9 月 1 日订单详情!H5"，如图 4-16 所示。

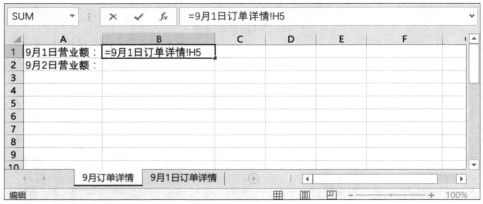

图 4-16 输入 "=9月1日订单详情!H5"

(3) 确定公式。按下【Enter】键即可使用三维引用的方式输入 9 月 1 日营业额，如图 4-17 所示。

图 4-17 输入 9 月 1 日营业额

4．外部引用

若要在单元格公式中引用另外一个工作簿中的单元格，则需要使用外部引用。

餐饮店 2016 年 9 月 2 日的订单详情数据事先已存放到【2016 年 9 月 2 日订单详情】工作簿的【9 月 2 日订单详情】工作表中，如图 4-18 所示。

	A	B	C	D	E	F	G	H
1			2016年9月2日订单详情					
2						当日日期：	2016年9月2日	
3	订单号	菜品名称	价格	数量	总价	日期		
4	201608241	麻辣小龙虾	99	1	99	2016年9月2日		9月2日营业额
5	201608241	番茄甘蓝	33	1	33	2016年9月2日		1117
6	201608241	杭椒鸡珍	58	1	58	2016年9月2日		
7	201608241	凉拌菠菜	27	1	27	2016年9月2日		
8	201608241	白饭/大碗	10	1	10	2016年9月2日		
9	201608021	桂圆枸杞鸽子汤	48	1	48	2016年9月2日		
10	201608021	红酒土豆烧鸭腿	48	1	48	2016年9月2日		
11	201608021	香烤牛排	55	1	55	2016年9月2日		
12	201608021	番茄有机花菜	32	1	32	2016年9月2日		
13	201608021	意文柠檬汁	13	1	13	2016年9月2日		

图 4-18 餐饮店 2016 年 9 月 2 日的订单详情数据

在【9月订单详情】工作表中使用外部引用的方式输入 9 月 2 日营业额，具体操作步骤如下：

(1) 打开【2016 年 9 月 2 日订单详情】工作簿，双击【2016 年 9 月 2 日订单详情】文件。

(2) 输入公式。在【9 月订单详情】工作表中单击单元格 B2，输入"=[2016 年 9 月 2 日订单详情.xlsx]9 月 2 日订单详情!H5"，如图 4-19 所示。

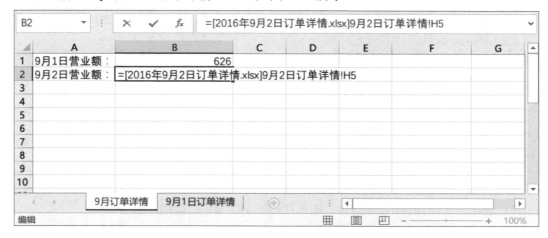

图 4-19　输入"=[2016 年 9 月 2 日订单详情.xlsx]9 月 2 日订单详情!H5"

(3) 确定公式。按下【Enter】键即可使用外部引用的方式输入 9 月 2 日营业额，如图 4-20 所示。

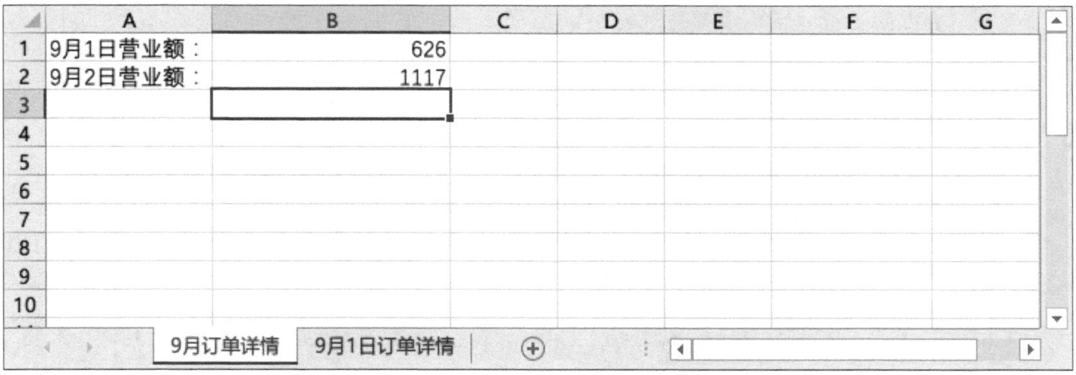

图 4-20　输入 9 月 2 日营业额

4.2　日期和时间函数

Excel 2016 中常用的函数为日期和时间函数，可以对时间数据进行提取和计算。现对某餐饮企业数据统计用餐顾客最多的时间，在【订单信息】工作表中提取日期和时间数据，并完善企业的【员工信息表】工作表中的信息。

4.2.1 YEAR、MONTH 和 DAY 函数

Excel 2016 中常用的日期函数有 YEAR、MONTH 和 DAY 函数，分别可以返回对应日期的年份、月份和天数。

1. YEAR 函数

YEAR 函数可以返回对应于某个日期的年份，即一个 1900～9999 之间的整数。YEAR 函数的使用格式如下：

YEAR(serial_number)

YEAR 函数的常用参数及其解释如表 4-4 所示。

表 4-4　YEAR 函数的常用参数及其解释

参　数	参　数　解　释
serial_number	必需。表示要查找年份的日期值。日期有多种输入方式：带引号的文本串、系列数或其他公式或函数的结果

在【订单信息】工作表中使用 YEAR 函数提取订单号的年，具体操作步骤如下：

(1) 输入公式。选择单元格 H4，输入"=YEAR(G4)"，如图 4-21 所示。

图 4-21　输入"=YEAR(G4)"

(2) 确定公式。按下【Enter】键即可使用 YEAR 函数提取订单号的年，设置效果如图 4-22 所示。

图 4-22　使用 YEAR 函数提取订单号的年

(3) 填充公式。选择单元格 H4，移动鼠标指针到单元格 H4 的右下角，当指针变为黑色且加粗的"+"时，双击左键即可使用 YEAR 函数提取其余订单号的年(即使用填充公式的方式提取其余订单号的年)，如图 4-23 所示。

	G	H	I	J	K	L	M	N
1	统计日期和时间：	2016/12/29 15:41						
2								
3	结算时间	提取年	提取月	提取日	提取时	提取分	提取秒	提取星期
4	2016/8/3 13:18	2016						
5	2016/8/6 11:17	2016						
6	2016/8/6 21:33	2016						
7	2016/8/7 13:47	2016						
8	2016/8/7 17:20	2016						
9	2016/8/8 20:17	2016						
10	2016/8/8 22:04	2016						
11	2016/8/9 18:11	2016						
12	2016/8/10 17:51	2016						
13	2016/8/13 18:01	2016						

订单信息

图 4-23　使用 YEAR 函数提取其余订单号的年

2．MONTH 函数

MONTH 函数可以返回对应于某个日期的月份，即一个介于 1～12 之间的整数。MONTH 函数的使用格式如下：

MONTH(serial_number)

MONTH 函数的常用参数及其解释如表 4-5 所示。

表 4-5　MONTH 函数的常用参数及其解释

参数	参 数 解 释
serial_number	必需。表示要查找月份的日期值。日期有多种输入方式：带引号的文本串、系列数或其他公式或函数的结果

在【订单信息】工作表中使用 MONTH 函数提取订单号的月，具体操作步骤如下。

(1) 输入公式。选择单元格 I4，输入"=MONTH(G4)"，如图 4-24 所示。

	G	H	I	J	K	L	M	N
1	统计日期和时间：	2016/12/29 15:41						
2								
3	结算时间	提取年	提取月	提取日	提取时	提取分	提取秒	提取星期
4	2016/8/3 13:18	2016	=MONTH(G4)					
5	2016/8/6 11:17	2016						
6	2016/8/6 21:33	2016						
7	2016/8/7 13:47	2016						
8	2016/8/7 17:20	2016						
9	2016/8/8 20:17	2016						
10	2016/8/8 22:04	2016						
11	2016/8/9 18:11	2016						
12	2016/8/10 17:51	2016						
13	2016/8/13 18:01	2016						

订单信息

图 4-24　输入"=MONTH(G4)"

(2) 确定公式。按下【Enter】键，并用填充公式的方式提取其余订单号的月，提取数据效果如图 4-25 所示。

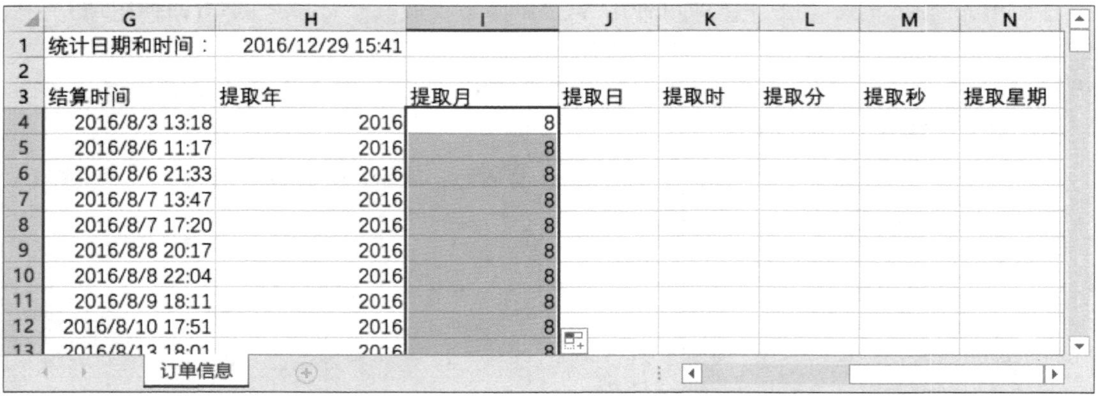

图 4-25　使用 MONTH 函数提取其余订单号的月

3．DAY 函数

DAY 函数可以返回对应于某个日期的天数，即一个介于 1～31 之间的整数。DAY 函数的使用格式如下：

```
DAY(serial_number)
```

DAY 函数的常用参数及其解释如表 4-6 所示。

表 4-6　DAY 函数的常用参数及其解释

参　数	参　数　解　释
serial_number	必需。表示要查找天数的日期值。日期有多种输入方式：带引号的文本串、系列数或其他公式或函数的结果

在【订单信息】工作表中使用 DAY 函数提取订单号的日，具体操作步骤如下。

(1) 输入公式。选择单元格 J4，输入 "=DAY(G4)"，如图 4-26 所示。

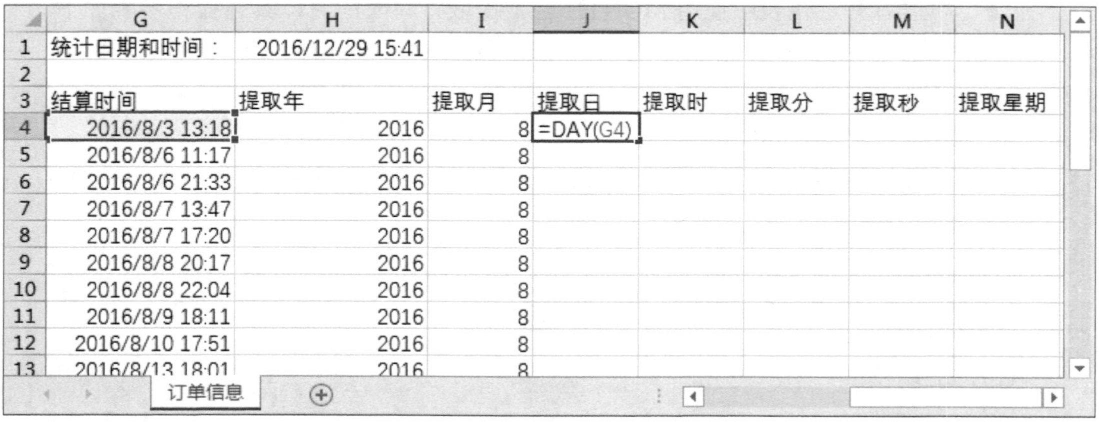

图 4-26　输入 "=DAY(G4)"

(2) 确定公式。按下【Enter】键，并用填充公式的方式提取其余订单号的日，提取数据效果如图 4-27 所示。

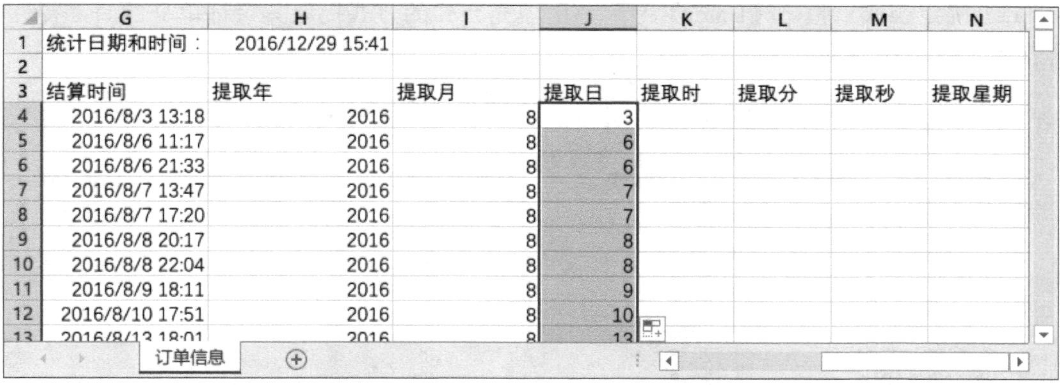

图 4-27　使用 DAY 函数提取其余订单号的日

4.2.2　HOUR、MINUTE 和 SECOND 函数

Excel 2016 中常用的时间函数有 HOUR、MINUTE 和 SECOND 函数，分别可以返回对应时间值的小时数、分钟数和秒钟数。

1．HOUR 函数

HOUR 函数可以返回时间值的小时数，即一个介于 0～23 之间的整数。HOUR 函数的使用格式如下：

HOUR(serial_number)

HOUR 函数的常用参数及其解释如表 4-7 所示。

表 4-7　HOUR 函数的常用参数及其解释

参数	参 数 解 释
serial_number	必需。表示要查找小时的时间值。时间有多种输入方式：带引号的文本字符串、十进制数或其他公式或函数的结果

在【订单信息】工作表中使用 HOUR 函数提取订单号的时，具体操作步骤如下：

(1) 输入公式。选择单元格 K4，输入"=HOUR(G4)"，如图 4-28 所示。

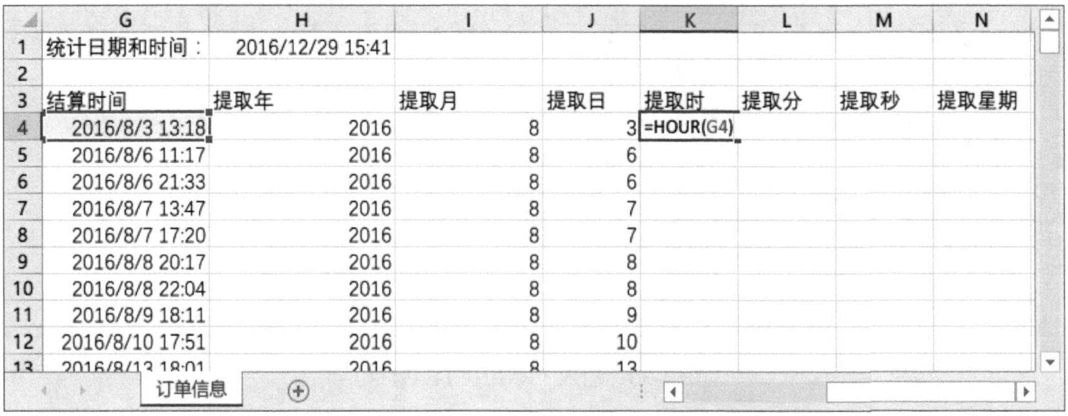

图 4-28　输入"=HOUR(G4)"

（2）确定公式。按下【Enter】键，并用填充公式的方式提取其余订单号的时，提取数据效果如图 4-29 所示。

⊿	G	H	I	J	K	L	M	N
1	统计日期和时间：	2016/12/29 15:41						
2								
3	结算时间	提取年	提取月	提取日	提取时	提取分	提取秒	提取星期
4	2016/8/3 13:18	2016	8	3	13			
5	2016/8/6 11:17	2016	8	6	11			
6	2016/8/6 21:33	2016	8	6	21			
7	2016/8/7 13:47	2016	8	7	13			
8	2016/8/7 17:20	2016	8	7	17			
9	2016/8/8 20:17	2016	8	8	20			
10	2016/8/8 22:04	2016	8	8	22			
11	2016/8/9 18:11	2016	8	9	18			
12	2016/8/10 17:51	2016	8	10	17			
13	2016/8/13 18:01	2016	8	13	18			

订单信息

图 4-29　使用 HOUR 函数提取其余订单号的时

2．MINUTE 函数

MINUTE 函数可以返回时间值的分钟数，即一个介于 0～59 之间的整数。MINUTE 函数的使用格式如下。

MINUTE(serial_number)

MINUTE 函数参数及其解释如表 4-8 所示。

表 4-8　MINUTE 函数的常用参数及其解释

参数	参 数 解 释
serial_number	必需。表示要查找分钟的时间值。时间有多种输入方式：带引号的文本字符串、十进制数或其他公式或函数的结果

在【订单信息】工作表中使用 MINUTE 函数提取订单号的分，具体操作步骤如下：

（1）输入公式。选择单元格 L4，输入"=MINUTE(G4)"，如图 4-30 所示。

⊿	G	H	I	J	K	L	M	N
1	统计日期和时间：	2016/12/29 15:41						
2								
3	结算时间	提取年	提取月	提取日	提取时	提取分	提取秒	提取星期
4	2016/8/3 13:18	2016	8	3	13	=MINUTE(G4)		
5	2016/8/6 11:17	2016	8	6	11			
6	2016/8/6 21:33	2016	8	6	21			
7	2016/8/7 13:47	2016	8	7	13			
8	2016/8/7 17:20	2016	8	7	17			
9	2016/8/8 20:17	2016	8	8	20			
10	2016/8/8 22:04	2016	8	8	22			
11	2016/8/9 18:11	2016	8	9	18			
12	2016/8/10 17:51	2016	8	10	17			
13	2016/8/13 18:01	2016	8	13	18			

订单信息

图 4-30　输入"=MINUTE(G4)"

（2）确定公式。按下【Enter】键，并用填充公式的方式提取其余订单号的分，提取数据效果如图 4-31 所示。

▲	G	H	I	J	K	L	M	N
1	统计日期和时间:	2016/12/29 15:41						
2								
3	结算时间	提取年	提取月	提取日	提取时	提取分	提取秒	提取星期
4	2016/8/3 13:18	2016	8	3	13	18		
5	2016/8/6 11:17	2016	8	6	11	17		
6	2016/8/6 21:33	2016	8	6	21	33		
7	2016/8/7 13:47	2016	8	7	13	47		
8	2016/8/7 17:20	2016	8	7	17	20		
9	2016/8/8 20:17	2016	8	8	20	17		
10	2016/8/8 22:04	2016	8	8	22	4		
11	2016/8/9 18:11	2016	8	9	18	11		
12	2016/8/10 17:51	2016	8	10	17	51		
13	2016/8/13 18:01	2016	8	13	18	1		

订单信息　⊕

图 4-31　使用 MINUTE 函数提取其余订单号的分

3．SECOND 函数

SECOND 函数可以返回时间值的秒钟数，即一个介于 0～59 之间的整数。SECOND 函数的使用格式如下。

SECOND(serial_number)

SECOND 函数的常用参数及其解释如表 4-9 所示。

表 4-9　SECOND 函数的常用参数及其解释

参　数	参　数　解　释
serial_number	必需。表示要查找秒钟的时间值。时间有多种输入方式：带引号的文本字符串、十进制数或其他公式或函数的结果

在【订单信息】工作表中使用 SECOND 函数提取订单号的秒，具体操作步骤如下：

(1) 输入公式。选择单元格 M4，输入"=SECOND(G4)"，如图 4-32 所示。

▲	G	H	I	J	K	L	M	N
1	统计日期和时间:	2016/12/29 15:41						
2								
3	结算时间	提取年	提取月	提取日	提取时	提取分	提取秒	提取星期
4	2016/8/3 13:18	2016	8	3	13	18	=SECOND(G4)	
5	2016/8/6 11:17	2016	8	6	11	17		
6	2016/8/6 21:33	2016	8	6	21	33		
7	2016/8/7 13:47	2016	8	7	13	47		
8	2016/8/7 17:20	2016	8	7	17	20		
9	2016/8/8 20:17	2016	8	8	20	17		
10	2016/8/8 22:04	2016	8	8	22	4		
11	2016/8/9 18:11	2016	8	9	18	11		
12	2016/8/10 17:51	2016	8	10	17	51		
13	2016/8/13 18:01	2016	8	13	18	1		

订单信息　⊕

图 4-32　输入"=SECOND(G4)"

(2) 确定公式。按下【Enter】键，并用填充公式的方式提取其余订单号的秒，提取数据效果如图 4-33 所示。

	G	H	I	J	K	L	M	N
1	统计日期和时间：	2016/12/29 15:41						
2								
3	结算时间	提取年	提取月	提取日	提取时	提取分	提取秒	提取星期
4	2016/8/3 13:18	2016	8	3	13	18	46	
5	2016/8/6 11:17	2016	8	6	11	17	11	
6	2016/8/6 21:33	2016	8	6	21	33	21	
7	2016/8/7 13:47	2016	8	7	13	47	19	
8	2016/8/7 17:20	2016	8	7	17	20	56	
9	2016/8/8 20:17	2016	8	8	20	17	49	
10	2016/8/8 22:04	2016	8	8	22	4	54	
11	2016/8/9 18:11	2016	8	9	18	11	16	
12	2016/8/10 17:51	2016	8	10	17	51	32	
13	2016/8/13 18:01	2016	8	13	18	1	48	

订单信息

图 4-33　使用 SECOND 函数提取其余订单号的秒

4.2.3　WEEKDAY 函数

WEEKDAY 函数可以返回某日期的星期数，在默认情况下，它的值为 1(星期天)～7(星期六)之间的一个整数。WEEKDAY 函数的使用格式如下：

WEEKDAY(serial_number, return_type)

WEEKDAY 函数常用参数及其解释如表 4-10 所示。

表 4-10　WEEKDAY 函数的常用参数及其解释

参数	参 数 解 释
serial_number	必需。表示要查找的日期，可以是指定的日期或引用含有日期的单元格。日期有多种输入方式：带引号的文本串、系列数或其他公式或函数的结果
return_type	此参数可以选择输入或者省略(为了方便，本书在参数解释统一简写为"可选")，表示星期的开始日和计算方式。return_type 的表示方式：当 Sunday(星期日)为 1、Saturday(星期六)为 7 时，该参数为 1 或省略；当 Monday(星期一)为 1、Sunday(星期日)为 7 时，该参数为 2(这种情况符合中国人的习惯)；当 Monday(星期一)为 0、Sunday(星期日)为 6 时，该参数为 3

在【订单信息】工作表中使用 WEEKDAY 函数提取订单号的星期，具体操作步骤如下：
(1) 输入公式。选择单元格 N4，输入"=WEEKDAY(G4)"，如图 4-34 所示。

	G	H	I	J	K	L	M	N	O
1	统计日期和时间：	2016/12/29 15:41							
2									
3	结算时间	提取年	提取月	提取日	提取时	提取分	提取秒	提取星期	
4	2016/8/3 13:18	2016	8	3	13	18	46	=WEEKDAY(G4)	
5	2016/8/6 11:17	2016	8	6	11	17	11		
6	2016/8/6 21:33	2016	8	6	21	33	21		
7	2016/8/7 13:47	2016	8	7	13	47	19		
8	2016/8/7 17:20	2016	8	7	17	20	56		
9	2016/8/8 20:17	2016	8	8	20	17	49		
10	2016/8/8 22:04	2016	8	8	22	4	54		
11	2016/8/9 18:11	2016	8	9	18	11	16		
12	2016/8/10 17:51	2016	8	10	17	51	32		
13	2016/8/13 18:01	2016	8	13	18	1	48		

订单信息

图 4-34　输入"=WEEKDAY(G4)"

(2) 确定公式。按下【Enter】键，并用填充公式的方式提取其余订单号的星期，提取数据效果如图 4-35 所示。

	G	H	I	J	K	L	M	N	C
1	统计日期和时间：	2016/12/29 15:41							
2									
3	结算时间	提取年	提取月	提取日	提取时	提取分	提取秒	提取星期	
4	2016/8/3 13:18	2016	8	3	13	18	46	4	
5	2016/8/6 11:17	2016	8	6	11	17	11	7	
6	2016/8/6 21:33	2016	8	6	21	33	21	7	
7	2016/8/7 13:47	2016	8	7	13	47	19	1	
8	2016/8/7 17:20	2016	8	7	17	20	56	1	
9	2016/8/8 20:17	2016	8	8	20	17	49	2	
10	2016/8/8 22:04	2016	8	8	22	4	54	2	
11	2016/8/9 18:11	2016	8	9	18	11	16	3	
12	2016/8/10 17:51	2016	8	10	17	51	32	4	
13	2016/8/13 18:01	2016	8	13	18	1	48	7	

订单信息

图 4-35　使用 WEEKDAY 函数提取其余订单号的星期

4.2.4　DATEDIF 函数

DATEDIF 函数可以计算两个日期期间内的年数、月数、天数，其使用格式如下：

DATEDIF(start_date, end_date, unit)

DATEDIF 函数的常用参数及其解释如表 4-11 所示。

表 4-11　DATEDIF 函数的常用参数及其解释

参数	参 数 解 释
start_date	必需。表示起始日期，可以是指定日期的数值(序列号值)或单元格引用。start_date 的月份被视为 "0" 进行计算
end_date	必需。表示终止日期
unit	必需。表示要返回的信息类型

unit 参数的常用信息类型及其解释如表 4-12 所示。

表 4-12　unit 参数的常用信息类型及其解释

信息类型	解　　释
Y	计算满年数，返回值为 0 以上的整数
M	计算满月数，返回值为 0 以上的整数
D	计算满日数，返回值为 0 以上的整数
YM	计算不满一年的月数，返回值为 1～11 之间的整数
YD	计算不满一年的天数，返回值为 0～365 之间的整数
MD	计算不满一个月的天数，返回值为 0～30 之间的整数

在【员工信息表】工作表中计算员工的周岁数、不满 1 年的月数、不满一全月的天数，具体操作步骤如下：

(1) 输入公式。选择单元格 C4，输入 "=DATEDIF(B4,$K$2,"Y")"，如图 4-36 所示。

C4 =DATEDIF(B4,$K$2,"Y")

	A	B	C	D	E	F	G	H	I	J	K
1	员工信息表										
2										更新日期：	2016/12/29
3	员工	出生日期	周岁数	不满1年的月数	不满一全月的天数	入职日期	工作天数	试用期结束日	培训日期	第一笔奖金发放日期	入职时间占一年的比率
4	叶亦凯	1990/8/4	=DATEDIF(B4,$K$2,"Y")			2016/8/18					
5	张建涛	1991/2/4				2016/6/24					
6	莫子建	1988/10/12				2016/6/11					
7	易子歆	1992/8/9				2016/6/20					
8	郭仁泽	1990/2/6				2016/8/21					
9	唐莉	1995/6/11				2016/7/29					
10	张馥雨	1994/12/17				2016/7/10					
11	麦凯泽	1995/10/6				2016/8/5					
12	姜晗昱	1994/1/25				2016/7/3					
13	杨依萱	1995/4/8				2016/6/14					

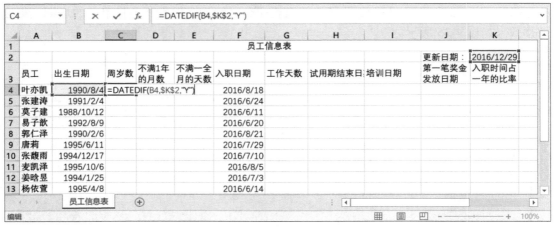

图 4-36　输入“=DATEDIF(B4,$K$2,"Y")”

(2) 确定公式。按下【Enter】键即可计算员工的周岁数，如图 4-37 所示。

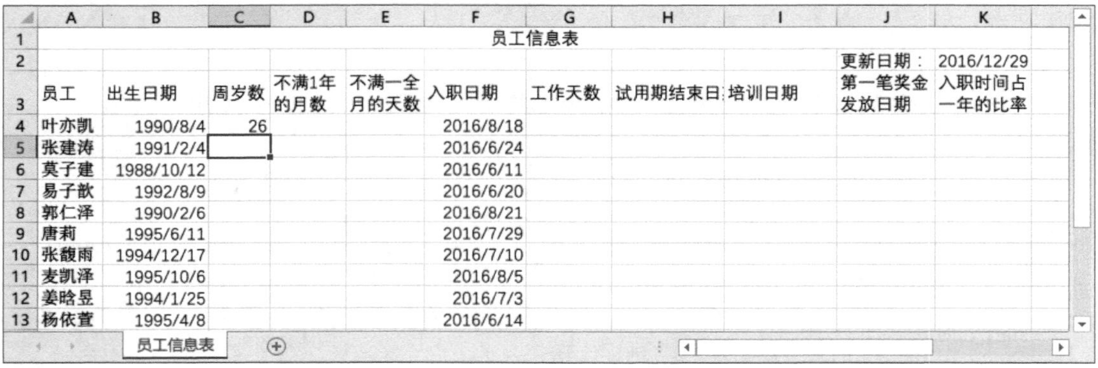

	A	B	C	D	E	F	G	H	I	J	K
1	员工信息表										
2										更新日期：	2016/12/29
3	员工	出生日期	周岁数	不满1年的月数	不满一全月的天数	入职日期	工作天数	试用期结束日	培训日期	第一笔奖金发放日期	入职时间占一年的比率
4	叶亦凯	1990/8/4	26			2016/8/18					
5	张建涛	1991/2/4				2016/6/24					
6	莫子建	1988/10/12				2016/6/11					
7	易子歆	1992/8/9				2016/6/20					
8	郭仁泽	1990/2/6				2016/8/21					
9	唐莉	1995/6/11				2016/7/29					
10	张馥雨	1994/12/17				2016/7/10					
11	麦凯泽	1995/10/6				2016/8/5					
12	姜晗昱	1994/1/25				2016/7/3					
13	杨依萱	1995/4/8				2016/6/14					

图 4-37　计算员工的周岁数

(3) 填充公式。单击单元格 C4，移动鼠标指针到单元格 C4 的右下角，当指针变为黑色且加粗的“+”时，双击左键即可计算其余员工的周岁数，计算结果如图 4-38 所示。

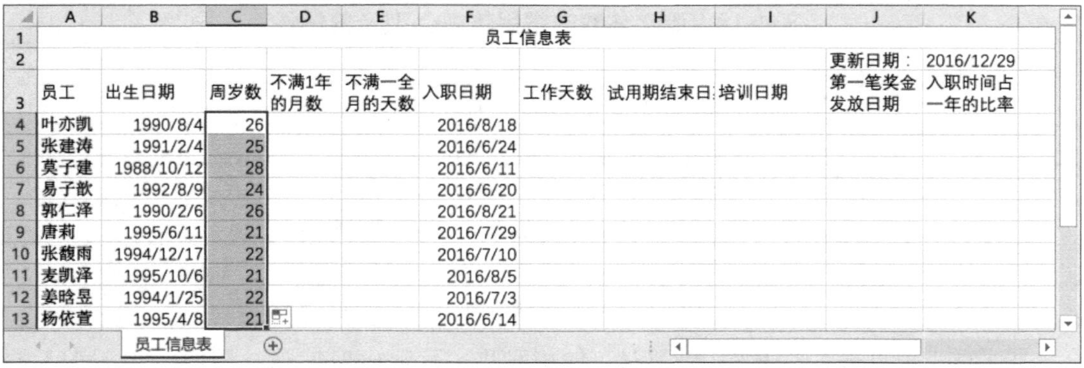

	A	B	C	D	E	F	G	H	I	J	K
1	员工信息表										
2										更新日期：	2016/12/29
3	员工	出生日期	周岁数	不满1年的月数	不满一全月的天数	入职日期	工作天数	试用期结束日	培训日期	第一笔奖金发放日期	入职时间占一年的比率
4	叶亦凯	1990/8/4	26			2016/8/18					
5	张建涛	1991/2/4	25			2016/6/24					
6	莫子建	1988/10/12	28			2016/6/11					
7	易子歆	1992/8/9	24			2016/6/20					
8	郭仁泽	1990/2/6	26			2016/8/21					
9	唐莉	1995/6/11	21			2016/7/29					
10	张馥雨	1994/12/17	22			2016/7/10					
11	麦凯泽	1995/10/6	21			2016/8/5					
12	姜晗昱	1994/1/25	22			2016/7/3					
13	杨依萱	1995/4/8	21			2016/6/14					

图 4-38　员工周岁数的计算结果

(4) 输入公式。选择单元格 D4，输入“=DATEDIF(B4,$K$2,"YM")”，如图 4-39 所示。

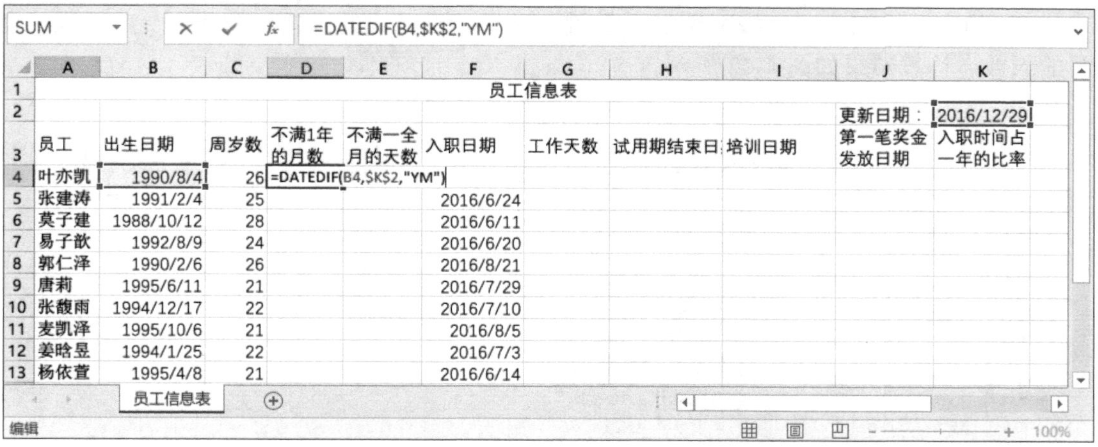

图 4-39　输入“=DATEDIF(B4,$K$2,"YM")”

(5) 确定并填充公式。按下【Enter】键，并用填充公式的方式计算其余员工的不满 1 年的月数，计算结果如图 4-40 所示。

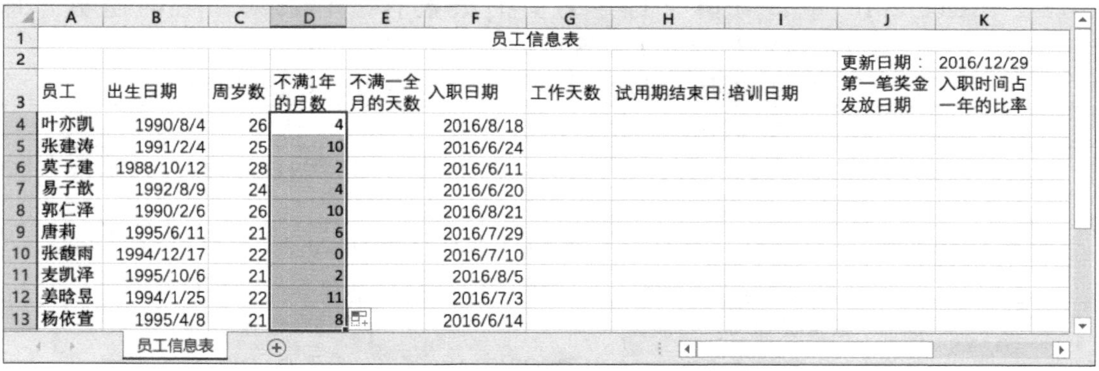

图 4-40　员工不满 1 年的月数的计算结果

(6) 输入公式。选择单元格 E4，输入“=DATEDIF(B4,$K$2,"MD")”，如图 4-41 所示。

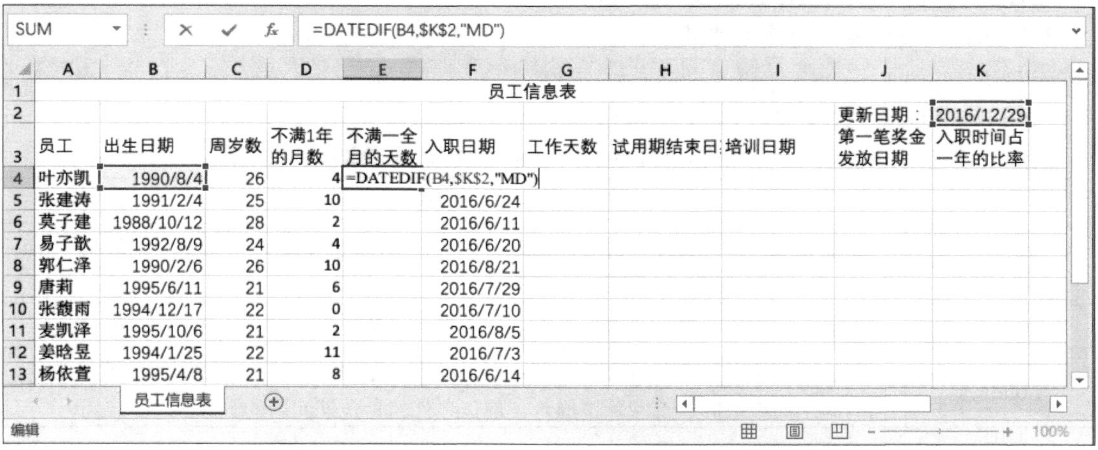

图 4-41　输入“=DATEDIF(B4,$K$2,"MD")”

(7) 确定并填充公式。按下【Enter】键，并用填充公式的方式计算其余员工不满一全月的天数，计算结果如图 4-42 所示。

图 4-42　其余员工不满一全月的天数的计算结果

4.2.5　计算两个日期之间的天数函数

在 Excel 2016 中计算两个日期之间的天数有三种日期和时间函数，即 NETWORKDAYS、DATEVALUE 和 DAYS 函数，如表 4-13 所示。

表 4-13　NETWORKDAYS、DATEVALUE 和 DAYS 函数的对比

函数	日期数据的形式	计 算 结 果
NETWORKDAYS	数值(序列号)、日期、文本形式	计算除了周六、周日和休息日之外的工作天数，计算结果比另两个函数小
DATEVALUE	文本形式	从表示日期的文本中计算出表示日期的数值，计算结果大于 NETWORKDAYS 函数，等于 DAYS 函数
DAYS	数值(序列号)、日期、文本形式	计算两日期间相差的天数，计算结果大于 NETWORKDAYS 函数，等于 DATEVALUE 函数

1. NETWORKDAYS 函数

NETWORKDAYS 函数可以计算除了周六、周日和休息日之外的工作天数。NETWORKDAYS 函数的使用格式如下：

NETWORKDAYS(start_date, end_date, holidays)

NETWORKDAYS 函数的常用参数及其解释如表 4-14 所示。

表 4-14　NETWORKDAYS 函数的常用参数及其解释

参数	参 数 解 释
start_date	必需。表示起始日期，可以是指定日期的数值(序列号值)或单元格引用。start_date 的月份被视为"0"进行计算
end_date	必需。表示终止日期，可以是指定序列号值或单元格引用
holidays	可选。表示节日或假日等休息日，可以是指定序列号值、单元格引用和数组常量。当省略了此参数时，返回除了周六、周日之外的指定期间内的天数

在【员工信息表】工作表中使用 NETWORKDAYS 函数计算员工的工作天数，具体操作步骤如下：

（1）输入法定节假日。在【员工信息表】工作表中输入 2016 年下半年的法定节假日，如图 4-43 所示。

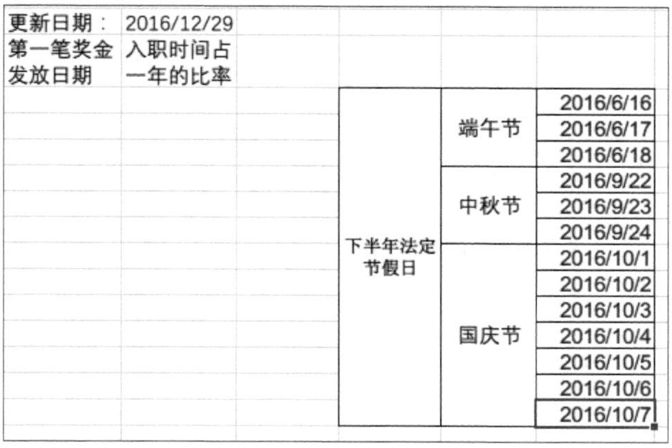

更新日期：	2016/12/29			
第一笔奖金发放日期	入职时间占一年的比率			
			端午节	2016/6/16
				2016/6/17
				2016/6/18
		下半年法定节假日	中秋节	2016/9/22
				2016/9/23
				2016/9/24
			国庆节	2016/10/1
				2016/10/2
				2016/10/3
				2016/10/4
				2016/10/5
				2016/10/6
				2016/10/7

图 4-43　输入 2016 年下半年的法定节假日

（2）输入公式。选择单元格 G4，输入"=NETWORKDAYS(F4,$K$2,$O$4:$O$16)"，如图 4-44 所示。

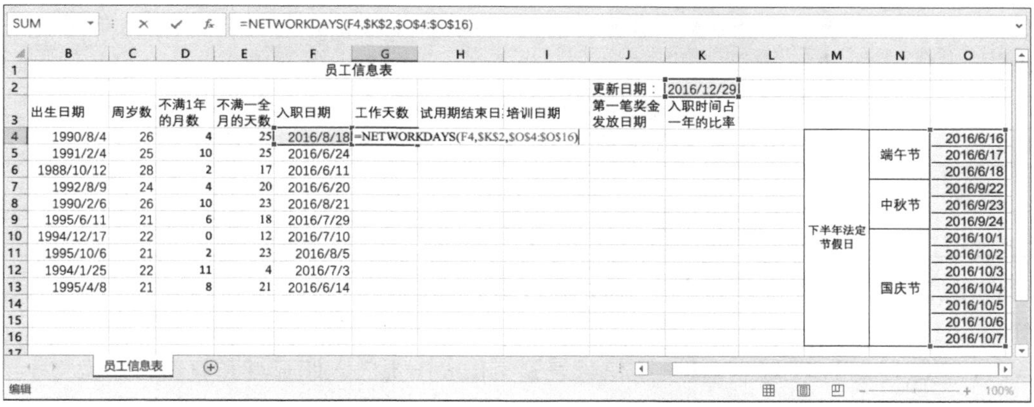

图 4-44　输入"=NETWORKDAYS(F4,$K$2,$O$4:$O$16)"

（3）确定公式。按下【Enter】键即可使用 NETWORKDAYS 函数计算员工的工作天数，计算结果如图 4-45 所示。

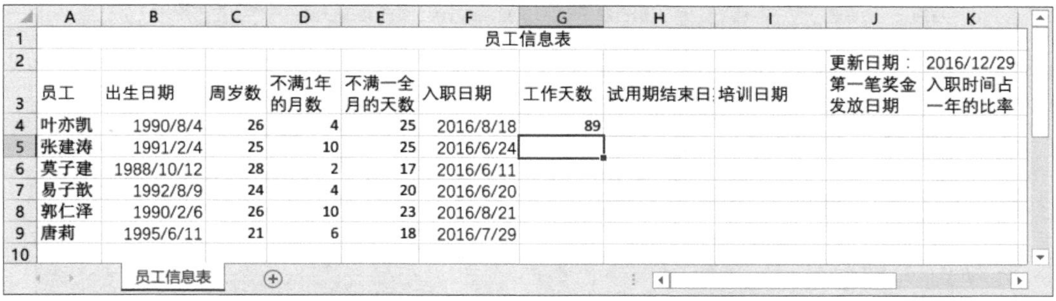

图 4-45　使用 NETWORKDAYS 函数计算员工的工作天数

(4) 填充公式。选择单元格 G4，移动鼠标指针到单元格 G4 的右下角，当指针变为黑色且加粗的"+"时，双击左键即可使用 NETWORKDAYS 函数计算其余员工的工作天数，计算结果如图 4-46 所示。

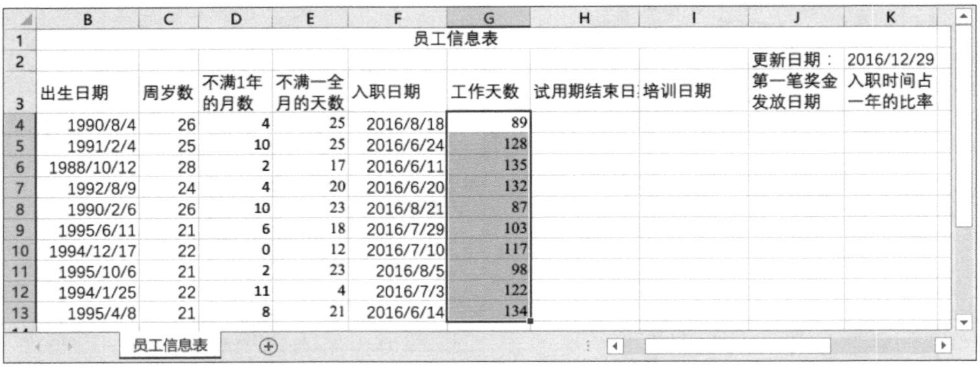

	B	C	D	E	F	G	H	I	J	K
1						员工信息表				
2									更新日期：	2016/12/29
3	出生日期	周岁数	不满1年的月数	不满一全月的天数	入职日期	工作天数	试用期结束日	培训日期	第一笔奖金发放日期	入职时间占一年的比率
4	1990/8/4	26	4	25	2016/8/18	89				
5	1991/2/4	25	10	25	2016/6/24	128				
6	1988/10/12	28	2	17	2016/6/11	135				
7	1992/8/9	24	4	20	2016/6/20	132				
8	1990/2/6	26	10	23	2016/8/21	87				
9	1995/6/11	21	6	18	2016/7/29	103				
10	1994/12/17	22	0	12	2016/7/10	117				
11	1995/10/6	21	2	23	2016/8/5	98				
12	1994/1/25	22	11	4	2016/7/3	122				
13	1995/4/8	21	8	21	2016/6/14	134				

员工信息表

图 4-46 使用 NETWORKDAYS 函数计算其余员工的工作天数

2. DATEVALUE 函数

DATEVALUE 函数可以从表示日期的文本中计算出表示日期的数值(序列号值)，即将存储为文本的日期转化为 Excel 日期的序列号。DATEVALUE 函数的使用格式如下：

DATEVALUE(date_text)

DATEVALUE 函数的常用参数及其解释如表 4-15 所示。

表 4-15 DATEVALUE 函数的常用参数及其解释

参数	参 数 解 释
date_text	必需。表示要计算的日期，可以是文本形式的日期或单元格引用

在【员工信息表】工作表中使用 DATEVALUE 函数计算员工的工作天数，具体操作步骤如下：

(1) 更改日期的形式。在【员工信息表】工作表中更改入职日期和更新日期为文本的形式，即在入职日期和更新日期的日期数据前加入英文状态下的单撇号"'"，如图 4-47 所示。

图 4-47 更改日期数据为文本的形式

(2) 输入公式。选择单元格 G4，输入"=DATEVALUE($K$2)-DATEVALUE(F4)"，如图 4-48 所示。

SUM		×	✓	f_x	=DATEVALUE($K$2)-DATEVALUE(F4)					
	B	C	D	E	F	G	H	I	J	K
1					员工信息表					
2									更新日期：	2016/12/29
3	出生日期	周岁数	不满1年的月数	不满一全月的天数	入职日期	工作天数	试用期结束日	培训日期	第一笔奖金发放日期	入职时间占一年的比率
4	1990/8/4	26	4	25	2016/8/18	=DATEVALUE($K$2)-DATEVALUE(F4)				
5	1991/2/4	25	10	25	2016/6/24					
6	1988/10/12	28	2	17	2016/6/11					
7	1992/8/9	24	4	20	2016/6/20					
8	1990/2/6	26	10	23	2016/8/21					
9	1995/6/11	21	6	18	2016/7/29					
10	1994/12/17	22	0	12	2016/7/10					
11	1995/10/6	21	2	8	2016/8/5					
12	1994/1/25	22	11	4	2016/7/3					
13	1995/4/8	21	8	21	2016/6/14					

员工信息表 ⊕

编辑 ⊞ 圖 凹 — + 100%

图 4-48 输入"=DATEVALUE($K$2)-DATEVALUE(F4)"

(3) 确定公式。按下【Enter】键，并用填充公式的方式计算其余员工的工作天数，计算结果如图 4-49 所示。

	B	C	D	E	F	G	H	I	J	K
1					员工信息表					
2									更新日期：	2016/12/29
3	出生日期	周岁数	不满1年的月数	不满一全月的天数	入职日期	工作天数	试用期结束日	培训日期	第一笔奖金发放日期	入职时间占一年的比率
4	1990/8/4	26	4	25	2016/8/18	133				
5	1991/2/4	25	10	25	2016/6/24	188				
6	1988/10/12	28	2	17	2016/6/11	201				
7	1992/8/9	24	4	20	2016/6/20	192				
8	1990/2/6	26	10	23	2016/8/21	130				
9	1995/6/11	21	6	18	2016/7/29	153				
10	1994/12/17	22	0	12	2016/7/10	172				
11	1995/10/6	21	2	23	2016/8/5	146				
12	1994/1/25	22	11	4	2016/7/3	179				
13	1995/4/8	21	8	21	2016/6/14	198				

员工信息表 ⊕

图 4-49 使用 DATEVALUE 函数计算其余员工的工作天数

3. DAYS 函数

DAYS 函数可以返回两个日期之间的天数，其使用格式如下：

DAYS(end_date, start_date)

DAYS 函数的常用参数及其解释如表 4-16 所示。

表 4-16 DAYS 函数的常用参数及其解释

参数	参 数 解 释
end_date	必需。表示终止日期，可以是指定表示日期的数值(序列号值)或单元格引用
start_date	必需。表示起始日期，可以是指定表示日期的数值(序列号值)或单元格引用

在【员工信息表】工作表中使用 DAYS 函数计算员工的工作天数，具体操作步骤如下：

(1) 输入公式。选择单元格 G4，输入"=DAYS($K$2,F4)"，如图 4-50 所示。

	B	C	D	E	F	G	H	I	J	K
	SUM		×	✓	fx	=DAYS($K$2,F4)				
1						员工信息表				
2									更新日期：	2016/12/29
3	出生日期	周岁数	不满1年的月数	不满一全月的天数	入职日期	工作天数	试用期结束日	培训日期	第一笔奖金发放日期	入职时间占一年的比率
4	1990/8/4	26	4	25	2016/8/18	=DAYS($K$2,F4)				
5	1991/2/4	25	10	25	2016/6/24					
6	1988/10/12	28	2	17	2016/6/11					
7	1992/8/9	24	4	20	2016/6/20					
8	1990/2/6	26	10	23	2016/8/21					
9	1995/6/11	21	6	18	2016/7/29					
10	1994/12/17	22	0	12	2016/7/10					
11	1995/10/6	21	2	23	2016/8/5					
12	1994/1/25	22	11	4	2016/7/3					
13	1995/4/8	21	8	21	2016/6/14					

员工信息表 ⊕

编辑 ⊞ ▢ ▢ － ＋ 100%

图 4-50 输入"=DAYS($K$2,F4)"

(2) 确定公式。按下【Enter】键，并用填充公式的方式计算其余员工的工作天数，计算结果如图 4-51 所示。

	B	C	D	E	F	G	H	I	J	K
1						员工信息表				
2									更新日期：	2016/12/29
3	出生日期	周岁数	不满1年的月数	不满一全月的天数	入职日期	工作天数	试用期结束日	培训日期	第一笔奖金发放日期	入职时间占一年的比率
4	1990/8/4	26	4	25	2016/8/18	133				
5	1991/2/4	25	10	25	2016/6/24	188				
6	1988/10/12	28	2	17	2016/6/11	201				
7	1992/8/9	24	4	20	2016/6/20	192				
8	1990/2/6	26	10	23	2016/8/21	130				
9	1995/6/11	21	6	18	2016/7/29	153				
10	1994/12/17	22	0	12	2016/7/10	172				
11	1995/10/6	21	2	23	2016/8/5	146				
12	1994/1/25	22	11	4	2016/7/3	179				
13	1995/4/8	21	8	21	2016/6/14	198				

员工信息表 ⊕

图 4-51 使用 DAYS 函数计算其余员工的工作天数

4.2.6 计算当前日期前后的日期函数

运用 Excel 2016 中常用的日期和时间函数，可以计算从当前日期算起，指定前后时间间隔的日期。

1. EDATE 函数

EDATE 函数可以计算从开始日期算起的数个月之前或之后的日期，其使用格式如下：

EDATE(start_date, months)

EDATE 函数的常用参数及其解释如表 4-17 所示。

表 4-17　EDATE 函数的常用参数及其解释

参数	参 数 解 释
start_date	必需。表示起始日期，可以是指定表示日期的数值(序列号值)或单元格引用。start_dat 的月份被视为"0"进行计算
months	必需。表示相隔的月份数，可以是数值或单元格引用，小数部分的值会被向下舍入。若指定数值为正数则返回"start_date"之后的日期(指定月份数之后)；若指定数值为负数则返回"start_date"之前的日期(指定月份数之前)

该餐饮企业的员工试用期为 1 个月，在【员工信息表】工作表中使用 EDATE 函数计算员工的试用期结束日期，具体操作步骤如下：

(1) 输入公式。选择单元格 H4，输入"=EDATE(F4,1)"，如图 4-52 所示。

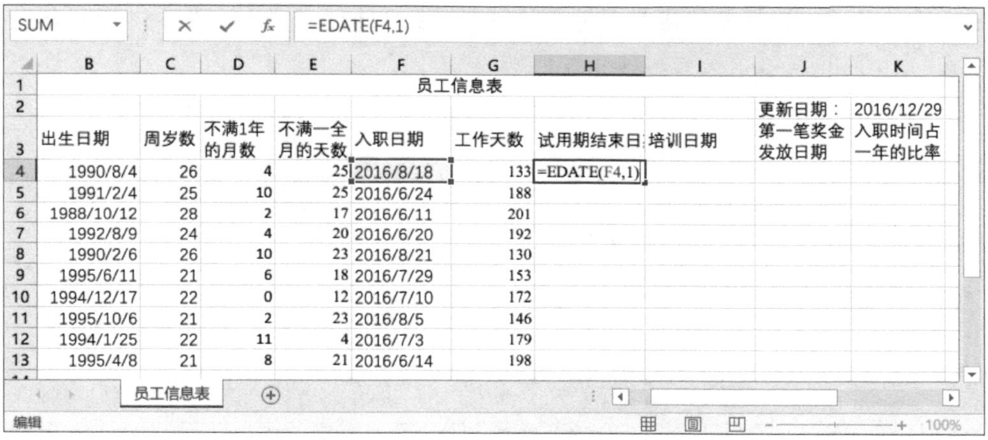

图 4-52　输入"=EDATE(F4,1)"

(2) 确定公式。按下【Enter】键，并用填充公式的方式计算其余员工的试用期结束日期，计算结果如图 4-53 所示。

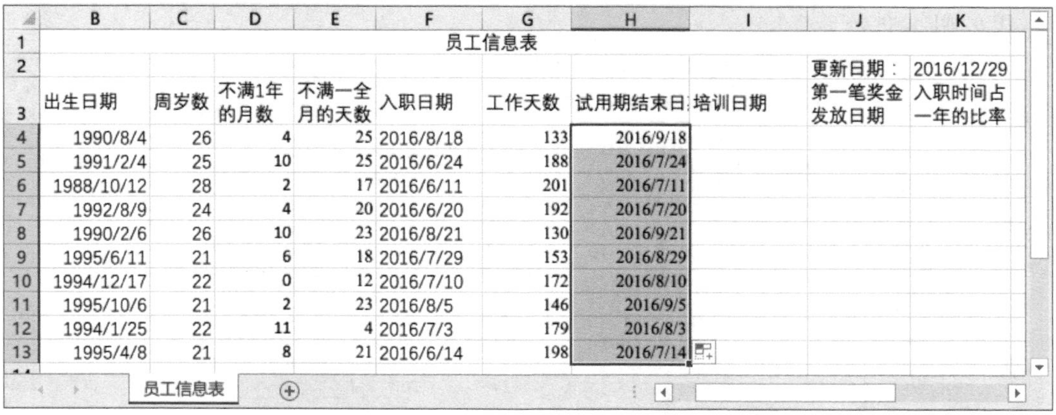

图 4-53　其余员工的试用期结束日期的计算结果

2. EOMONTH 函数

EOMONTH 函数可以计算出给定的月份数之前或之后的月末的日期，其使用格式如下：

EOMONTH(start_date, months)

EOMONTH 函数的常用参数及其解释如表 4-18 所示。

表 4-18　EOMONTH 函数的常用参数及其解释

参数	参 数 解 释
start_date	必需。表示起始日期。可以是表示日期的数值(序列号值)或单元格引用。start_date 的月份被视为 "0" 进行计算
months	必需。表示相隔的月份数,可以是数值或单元格引用,小数部分的值会被向下舍入。若指定数值为正数则返回 "start_date" 之后的日期(指定月份数之后的月末);若指定数值为负数则返回 "start_date" 之前的日期(指定月份数之前的月末)

该餐饮企业试用员工在试用期结束后的当月月末会进行一次培训,在【员工信息表】工作表中使用 EOMONTH 函数计算员工的培训日期,具体操作步骤如下:

(1) 输入公式。选择单元格 I4,输入 "=EOMONTH(H4,0)",如图 4-54 所示。

SUM	▼	:	×	✓	fx	=EOMONTH(H4,0)				

	B	C	D	E	F	G	H	I	J	K
1					员工信息表					
2									更新日期:	2016/12/29
3	出生日期	周岁数	不满1年的月数	不满一全月的天数	入职日期	工作天数	试用期结束日期	培训日期	第一笔奖金发放日期	入职时间占一年的比率
4	1990/8/4	26		25	2016/8/18	133	2016/9/18	=EOMONTH(H4,0)		
5	1991/2/4	25	10	25	2016/6/24	188	2016/7/24			
6	1988/10/12	28	2	17	2016/6/11	201	2016/7/11			
7	1992/8/9	24	4	20	2016/6/20	192	2016/7/20			
8	1990/2/6	26	10	23	2016/6/21	130	2016/9/21			
9	1995/6/11	21	6	18	2016/7/29	153	2016/8/29			
10	1994/12/17	22	0	12	2016/7/10	172	2016/8/10			
11	1995/10/6	21	2	23	2016/8/5	146	2016/9/5			
12	1994/1/25	22	11	4	2016/7/3	179	2016/8/3			
13	1995/4/8	21	8	21	2016/6/14	198	2016/7/14			

员工信息表　⊕

编辑　　　　　　　　　　　　　　　　　　　　　　▦ ▣ ▣　　　─ + 100%

图 4-54　输入 "=EOMONTH(H4,0)"

(2) 确定公式。按下【Enter】键,并用填充公式的方式计算其余员工的培训日期,计算结果如图 4-55 所示。

	B	C	D	E	F	G	H	I	J	K
1					员工信息表					
2									更新日期:	2016/12/29
3	出生日期	周岁数	不满1年的月数	不满一全月的天数	入职日期	工作天数	试用期结束日期	培训日期	第一笔奖金发放日期	入职时间占一年的比率
4	1990/8/4	26	4	25	2016/8/18	133	2016/9/18	2016/9/30		
5	1991/2/4	25	10	25	2016/6/24	188	2016/7/24	2016/7/31		
6	1988/10/12	28	2	17	2016/6/11	201	2016/7/11	2016/7/31		
7	1992/8/9	24	4	20	2016/6/20	192	2016/7/20	2016/7/31		
8	1990/2/6	26	10	23	2016/6/21	130	2016/9/21	2016/9/30		
9	1995/6/11	21	6	18	2016/7/29	153	2016/8/29	2016/8/31		
10	1994/12/17	22	0	12	2016/7/10	172	2016/8/10	2016/8/31		
11	1995/10/6	21	2	23	2016/8/5	146	2016/9/5	2016/9/30		
12	1994/1/25	22	11	4	2016/7/3	179	2016/8/3	2016/8/31		
13	1995/4/8	21	8	21	2016/6/14	198	2016/7/14	2016/7/31		

员工信息表　⊕

图 4-55　其余员工的培训日期的计算结果

3. WORKDAY 函数

WORKDAY 函数可以计算起始日期之前或之后、与该日期相隔指定工作日的某一日期的日期值，工作日不包括周末和专门指定的假日。WORKDAY 函数的使用格式如下：

WORKDAY(start_date, days, holidays)

WORKDAY 函数的常用参数及其解释如表 4-19 所示。

表 4-19　WORKDAY 函数的常用参数及其解释

参数	参 数 解 释
start_date	必需。表示起始日期，可以是表示日期的数值(序列号值)或单元格引用。start_date 的月份被视为"0"进行计算
days	必需。表示相隔的天数(不包括周末和节假日)，可以是数值或单元格引用，小数部分的值会被向下舍入。若指定数值为正数则返回"start_date"之后的日期；若指定数值为负数则返回"start_date"之前的日期
holidays	可选。指定节日或假日等休息日，可以指定序列号值、单元格引用和数组常量

该餐饮企业的员工在非试用期实际工作 60 天后发放第一笔奖金，在【员工信息表】工作表中使用 WORKDAY 函数计算员工的第一笔奖金发放日期，具体操作步骤如下：

(1) 输入公式。选择单元格 J4，输入"=WORKDAY(H4,60,$O$4:$O$16)"，如图 4-56 所示。

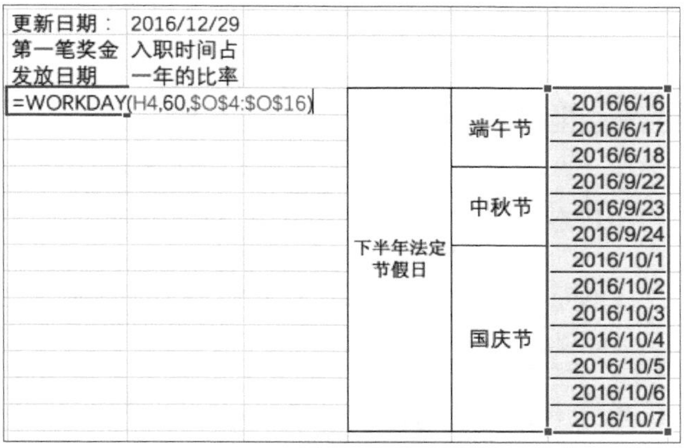

更新日期：	2016/12/29			
第一笔奖金发放日期	入职时间占一年的比率			
=WORKDAY(H4,60,$O$4:$O$16)			端午节	2016/6/16
				2016/6/17
				2016/6/18
			中秋节	2016/9/22
				2016/9/23
				2016/9/24
		下半年法定节假日	国庆节	2016/10/1
				2016/10/2
				2016/10/3
				2016/10/4
				2016/10/5
				2016/10/6
				2016/10/7

图 4-56　输入"=WORKDAY(H4,60,$O$4:$O$16)"

(2) 确定公式。按下【Enter】键，并用填充公式的方式计算其余员工的发放奖金日期，计算结果如图 4-57 所示。

	A	B	C	D	E	F	G	H	I	J	K
1						员工信息表					
2										更新日期：	2016/12/29
3	员工	出生日期	周岁数	不满1年的月数	不满一全月的天数	入职日期	工作天数	试用期结束日期	培训日期	第一笔奖金发放日期	入职时间占一年的比率
4	叶亦凯	1990/8/4	26	4	25	2016/8/18	133	2016/9/18	2016/9/30	2016/12/20	
5	张建涛	1991/2/4	25	10	25	2016/6/24	188	2016/7/24	2016/7/31	2016/10/25	
6	莫子建	1988/10/12	28	2	17	2016/6/11	201	2016/7/11	2016/7/31	2016/10/12	
7	易子歆	1992/8/9	24	4	20	2016/6/20	192	2016/7/20	2016/7/31	2016/10/21	
8	郭仁泽	1990/2/6	26	10	23	2016/6/21	130	2016/9/21	2016/9/30	2016/12/23	
9	唐莉	1995/6/11	21	6	18	2016/7/29	153	2016/8/29	2016/8/31	2016/11/30	
10	张馥雨	1994/12/17	22	0	12	2016/7/10	172	2016/8/10	2016/8/31	2016/11/11	
11	麦凯泽	1995/10/6	21	2	23	2016/8/5	146	2016/9/5	2016/9/30	2016/12/7	
12	姜晗昱	1994/1/25	22	11	4	2016/7/3	179	2016/8/3	2016/8/31	2016/11/4	
13	杨依萱	1995/4/8	21	8	21	2016/6/14	198	2016/7/14	2016/7/31	2016/10/17	

员工信息表　　⊕

图 4-57　其余员工的发放奖金日期的计算结果

4.2.7 YEARFRAC 函数

YEARFRAC 函数可以计算指定期间占一年的比率，其使用格式如下：

YEARFRAC(start_date, end_date, basis)

YEARFRAC 函数的常用参数及其解释如表 4-20 所示。

表 4-20　YEARFRAC 函数的常用参数及其解释

参数	参 数 解 释
start_date	必需。表示起始日期，可以是指定序列号值或单元格引用。以 start_date 的次日为"1"进行计算
end_date	必需。表示终止日期，指定序列号值或单元格引用
basis	可选。表示要使用的日基数基准类型

basis 参数的日基数基准类型及其解释如表 4-21 所示。

表 4-21　basis 参数的日基数基准类型及其解释

日基数基准类型	解　　释
0 或省略	30 天/360 天(NASD 方法)
1	实际天数/实际天数
2	实际天数/360 天
3	实际天数/365 天
4	30 天/360 天(欧洲方法)

在【员工信息表】工作表中使用 YEARFRAC 函数计算员工的入职时间占一年的比率，具体操作步骤如下：

(1) 输入公式。选择单元格 K4，输入"=YEARFRAC(F4,$K$2,1)"，如图 4-58 所示。

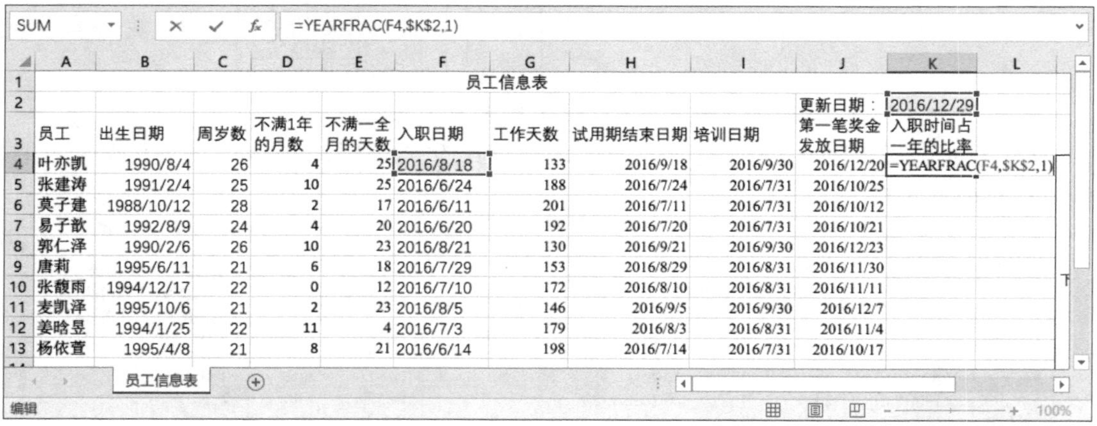

图 4-58　输入"=YEARFRAC(F4,$K$2,1)"

(2) 确定公式。按下【Enter】键，并用填充公式的方式计算其余员工入职时间占一年的比率，计算结果如图 4-59 所示。

	A	B	C	D	E	F	G	H	I	J	K
1	员工信息表										
2										更新日期：	2016/12/29
3	员工	出生日期	周岁数	不满1年的月数	不满一全月的天数	入职日期	工作天数	试用期结束日期	培训日期	第一笔奖金发放日期	入职时间占一年的比率
4	叶亦凯	1990/8/4	26	4	25	2016/8/18	133	2016/9/18	2016/9/30	2016/12/20	0.36338798
5	张建涛	1991/2/4	25	10	25	2016/6/24	188	2016/7/24	2016/7/31	2016/10/21	0.5136612
6	莫子建	1988/10/12	28	2	17	2016/6/11	201	2016/7/11	2016/7/31	2016/10/12	0.54918033
7	易子歆	1992/8/9	24	4	20	2016/6/20	192	2016/7/20	2016/7/31	2016/10/21	0.52459016
8	郭仁泽	1990/2/6	26	10	23	2016/8/21	130	2016/9/21	2016/9/30	2016/12/23	0.35519126
9	唐莉	1995/6/11	21	6	18	2016/7/29	153	2016/8/29	2016/8/31	2016/11/30	0.41803279
10	张馥雨	1994/12/17	22	0	12	2016/7/10	172	2016/8/10	2016/8/31	2016/11/7	0.46994536
11	麦凯泽	1995/10/6	21	2	23	2016/8/5	146	2016/9/5	2016/9/30	2016/12/7	0.3989071
12	姜晗昱	1994/1/25	22	11	4	2016/7/3	179	2016/8/3	2016/8/31	2016/11/4	0.48907104
13	杨依萱	1995/4/8	21	8	21	2016/6/14	198	2016/7/14	2016/7/31	2016/10/17	0.54098361

员工信息表

图 4-59　其余员工入职时间占一年的比率的计算结果

4.2　数　学　函　数

为方便用户进行多种数学运算，Excel 2016 为常见的数学运算提供了几十个数学函数，包括求出乘积、最大值、求和以及均值等。现使用一些常用的数学函数对某餐饮企业【8月营业统计】工作表中的营业数据进行数据处理。

4.3.1　PRODUCT 函数

PRODUCT 函数可以求所有以参数形式给出的数字的乘积，其使用格式如下：

PRODUCT(number1, number2, …)

PRODUCT 函数的常用参数及其解释如表 4-22 所示。

表 4-22　PRODUCT 函数的常用参数及其解释

参数	参 数 解 释
number1	必需。表示要相乘的第一个数字或区域，可以是数字、单元格引用和单元格区域引用
number2, …	可选。表示要相乘的第 2～255 个数字或区域，即可以像 number1 那样最多指定 255 个参数

在【8 月营业统计】工作表中使用 PRODUCT 函数计算折后金额，具体操作步骤如下：
(1) 输入公式。选择单元格 E2，输入"=PRODUCT(C2,D2)"，如图 4-60 所示。

MEDIAN	× ✓ fx	=PRODUCT(C2,D2)							
	A	B	C	D	E	F	G	H	I
1	顾客姓名	会员星级	消费金额	折扣率	折后金额	实付金额	日期	取整折后金额	8月营业总额(不含折扣)：
2	苗宇怡	一星级	165	0.9	=PRODUCT(C2,D2)		2016/8/1		8月1日营业总额(不含折扣)：
3	李靖	四星级	166	0.75			2016/8/1		8月平均每日营业额：
4	卓永梅	五星级	167	0.7			2016/8/1		
5	张大鹏	五星级	168	0.7			2016/8/1		
6	李小东	四星级	169	0.75			2016/8/1		
7	沈晓雯	一星级	170	0.9			2016/8/1		
8	苗泽坤	一星级	171	0.9			2016/8/1		
9	李达明	四星级	172	0.75			2016/8/1		
10	蓝娜	四星级	173	0.75			2016/8/1		
11	沈丹丹	一星级	174	0.9			2016/8/1		

8月营业统计

图 4-60　输入"=PRODUCT(C2,D2)"

（2）确定公式。按下【Enter】键，并用填充公式的方式使用 PRODUCT 函数计算其余的折后金额，如图 4-61 所示。

	A	B	C	D	E	F	G	H	I	J
1	顾客姓名	会员星级	消费金额	折扣率	折后金额	实付金额	日期	取整折后金额	8月营业总额(不含折扣):	
2	苗宇怡	一星级	165	0.9	148.5		2016/8/1		8月1日营业总额(不含折扣):	
3	李靖	四星级	166	0.75	124.5		2016/8/1		8月平均每日营业额:	
4	卓永梅	五星级	167	0.7	116.9		2016/8/1			
5	张大鹏	五星级	168	0.7	117.6		2016/8/1			
6	李小东	四星级	169	0.75	126.75		2016/8/1			
7	沈晓雯	一星级	170	0.9	153		2016/8/1			
8	苗泽坤	一星级	171	0.9	153.9		2016/8/1			
9	李达明	四星级	172	0.75	129		2016/8/1			
10	蓝娜	四星级	173	0.75	129.75		2016/8/1			
11	沈丹丹	一星级	174	0.9	156.6		2016/8/1			

图 4-61　使用 PRODUCT 函数计算其余的折后金额

4.3.2　SUM 和 SUMIF 函数

在 Excel 2016 中，对数据进行求和的数学函数主要有 SUM 函数和 SUMIF 函数两种。

1．SUM 函数

SUM 函数是求和函数，可以返回某一单元格区域中数字、逻辑值与数字的文本表达式、直接键入的数字之和。SUM 函数的使用格式如下：

SUM(number1, number2, ...)

SUM 函数的常用参数及解释如表 4-23 所示。

表 4-23　SUM 函数的常用参数及解释

参数	参 数 解 释
number1	必需。表示要相加的第 1 个数字或区域，可以是数字、单元格引用或单元格区域引用，如 4、A6 和 A1:B3
number2,…	可选。表示要相加的第 2～255 个数字或区域，即可以像 number1 那样最多指定 255 个参数

在【8 月营业统计】工作表中使用 SUM 函数计算 8 月营业总额(不含折扣)，具体操作步骤如下：

（1）输入公式。选择单元格 J1，输入"=SUM(C:C)"，如图 4-62 所示。

SUM		=SUM(C:C)

	A	B	C	D	E	F	G	H	I	J
1	顾客姓名	会员星级	消费金额	折扣率	折后金额	实付金额	日期	取整折后金额	8月营业总额(不含折扣):	=SUM(C:C)
2	苗宇怡	一星级	165	0.9	148.5		2016/8/1		8月1日营业总额(不含折扣):	
3	李靖	四星级	166	0.75	124.5		2016/8/1		8月平均每日营业额:	
4	卓永梅	五星级	167	0.7	116.9		2016/8/1			
5	张大鹏	五星级	168	0.7	117.6		2016/8/1			
6	李小东	四星级	169	0.75	126.75		2016/8/1			
7	沈晓雯	一星级	170	0.9	153		2016/8/1			
8	苗泽坤	一星级	171	0.9	153.9		2016/8/1			
9	李达明	四星级	172	0.75	129		2016/8/1			
10	蓝娜	四星级	173	0.75	129.75		2016/8/1			
11	沈丹丹	一星级	174	0.9	156.6		2016/8/1			

图 4-62　输入"=SUM(C:C)"

(2) 确定公式。按下【Enter】键，使用 SUM 函数计算 8 月营业总额(不含折扣)，计算结果如图 4-63 所示。

▲	A	B	C	D	E	F	G	H	I	J
1	顾客姓名	会员星级	消费金额	折扣率	折后金额	实付金额	日期	取整折后金额	8月营业总额(不含折扣):	597535
2	苗宇怡	一星级	165	0.9	148.5		2016/8/1		8月1日营业总额(不含折扣):	
3	李靖	四星级	166	0.75	124.5		2016/8/1		8月平均每日营业额:	
4	卓永梅	五星级	167	0.7	116.9		2016/8/1			
5	张大鹏	五星级	168	0.7	117.6		2016/8/1			
6	李小东	四星级	169	0.75	126.75		2016/8/1			
7	沈晓雯	一星级	170	0.9	153		2016/8/1			
8	苗泽坤	一星级	171	0.9	153.9		2016/8/1			
9	李达明	四星级	172	0.75	129		2016/8/1			
10	蓝娜	四星级	173	0.75	129.75		2016/8/1			
11	沈丹丹	一星级	174	0.9	156.6		2016/8/1			

图 4-63　8 月营业总额(不含折扣)

2．SUMIF 函数

SUMIF 函数是条件求和函数，即根据给定的条件对指定单元格的数值求和。SUMIF 函数的使用格式如下：

SUMIF(range,criteria, [sum_range])

SUMIF 函数的常用参数及其解释如表 4-24 所示。

表 4-24　SUMIF 函数的常用参数及其解释

参数	参 数 解 释
range	必需。表示根据条件进行计算的单元格区域，即设置条件的单元格区域。区域内的单元格必须是数字、名称、数组或包含数字的引用，空值和文本值将会被忽略
criteria	必需。表示求和的条件。其形式可以是数字、表达式、单元格引用、文本或函数。指定的条件(引用单元格和数字除外)必须用双引号("")括起来
sun range	可选。表示实际求和的单元格区域。如果省略此参数，那么 Excel 会把 range 参数中指定的单元格区域设为实际求和区域

在 criteria 参数中还可以使用通配符(星号"*"、问号"?"和波形符"~")，其通配符的解释如表 4-25 所示。

表 4-25　通配符的解释

通配符	作用	示例	示 例 说 明
星号"*"	匹配任意一串字节	李*或*星级	任意以"李"开头的文本或任意以"星级"结尾的文本
问号"?"	匹配任意单个字符	李？？或？星级	"李"后面一定是两个字符的文本或"星级"前面一定是一个字符的文本
波形符"~"	指定不将"*"和"?"视为通配符看待	李~*	*就是代表字符，不再有通配符的作用

在【8 月营业统计】工作表中使用 SUMIF 函数计算 8 月 1 日营业总额(不含折扣),具体操作步骤如下:

(1) 输入公式。选择单元格 J2,输入"=SUMIF(G:G,"2016/8/1",C:C)",如图 4-64 所示。

	A	B	C	D	E	F	G	H	I	J
					=SUMIF(G:G,"2016/8/1",C:C)					
1	顾客姓名	会员星级	消费金额	折扣率	折后金额	实付金额	日期	取整折后金额	8月营业总额(不含折扣):	597535
2	苗宇怡	一星级	165	0.9	148.5		2016/8/1		8月1日营业总额(不含折扣):	=SUMIF(G:G,"2016/8/1",C:C)
3	李靖	四星级	166	0.75	124.5		2016/8/1		8月平均每日营业额:	
4	卓永梅	五星级	167	0.7	116.9		2016/8/1			
5	张大鹏	五星级	168	0.7	117.6		2016/8/1			
6	李小东	四星级	169	0.75	126.75		2016/8/1			
7	沈晓雯	一星级	170	0.9	153		2016/8/1			
8	苗泽坤	一星级	171	0.9	153.9		2016/8/1			
9	李达明	四星级	172	0.75	129		2016/8/1			
10	蓝娜	四星级	173	0.75	129.75		2016/8/1			
11	沈丹丹	一星级	174	0.9	156.6		2016/8/1			

图 4-64　输入"=SUMIF(G:G,"2016/8/1",C:C)"

(2) 确定公式。按下【Enter】键,使用 SUMIF 函数计算 8 月 1 日营业总额(不含折扣),计算结果如图 4-65 所示。

	A	B	C	D	E	F	G	H	I	J
1	顾客姓名	会员星级	消费金额	折扣率	折后金额	实付金额	日期	取整折后金额	8月营业总额(不含折扣):	597535
2	苗宇怡	一星级	165	0.9	148.5		2016/8/1		8月1日营业总额(不含折扣):	3861
3	李靖	四星级	166	0.75	124.5		2016/8/1		8月平均每日营业额:	
4	卓永梅	五星级	167	0.7	116.9		2016/8/1			
5	张大鹏	五星级	168	0.7	117.6		2016/8/1			
6	李小东	四星级	169	0.75	126.75		2016/8/1			
7	沈晓雯	一星级	170	0.9	153		2016/8/1			
8	苗泽坤	一星级	171	0.9	153.9		2016/8/1			
9	李达明	四星级	172	0.75	129		2016/8/1			
10	蓝娜	四星级	173	0.75	129.75		2016/8/1			
11	沈丹丹	一星级	174	0.9	156.6		2016/8/1			

图 4-65　8 月 1 日营业总额(不含折扣)

4.3.3　QUOTIENT 函数

QUOTIENT 函数的作用是计算并返回除法的整数部分。QUOTIENT 函数的使用格式如下:

QUOTIENT(numerator, denominator)

QUOTIENT 函数的常用参数及其解释如表 4-26 所示。

表 4-26　QUOTIENT 函数的常用参数及其解释

参数	参 数 解 释
numerator	必需。表示被除数,可以是数字、单元格引用或单元格区域引用
denominator	必需。表示除数,可以是数字、单元格引用或单元格区域引用

在【8 月营业统计】工作表中使用 QUOTIENT 函数计算 8 月平均每日营业额(不含折扣且计算结果只取整数部分),具体操作步骤如下:

(1) 输入公式。选择单元格 J3，输入"=QUOTIENT(J1,31)"，如图 4-66 所示。

| CEILING | | | × ✓ fx | =QUOTIENT(J1,31) | | | | | | |

▲	A	B	C	D	E	F	G	H	I	J
1	顾客姓名	会员星级	消费金额	折扣率	折后金额	实付金额	日期	取整折后金额	8月营业总额(不含折扣):	597535
2	苗宇怡	一星级	165	0.9	148.5		2016/8/1		8月1日营业总额(不含折扣):	3861
3	李靖	四星级	166	0.75	124.5		2016/8/1		8月平均每日营业额:	=
4	卓永梅	五星级	167	0.7	116.9		2016/8/1			QUOTIENT
5	张大鹏	五星级	168	0.7	117.6		2016/8/1			(J1,31)
6	李小东	四星级	169	0.75	126.75		2016/8/1			
7	沈晓雯	一星级	170	0.9	153		2016/8/1			
8	苗泽坤	一星级	171	0.9	153.9		2016/8/1			
9	李达明	四星级	172	0.75	129		2016/8/1			
10	蓝娜	四星级	173	0.75	129.75		2016/8/1			
11	沈丹丹	一星级	174	0.9	156.6		2016/8/1			

| | 8月营业统计 | ⊕ | |

图 4-66　输入"=QUOTIENT(J1,31)"

(2) 确定公式。按下【Enter】键，使用 QUOTIENT 函数计算 8 月平均每日营业额，计算结果如图 4-67 所示。

▲	A	B	C	D	E	F	G	H	I	J
1	顾客姓名	会员星级	消费金额	折扣率	折后金额	实付金额	日期	取整折后金额	8月营业总额(不含折扣):	597535
2	苗宇怡	一星级	165	0.9	148.5		2016/8/1		8月1日营业总额(不含折扣):	3861
3	李靖	四星级	166	0.75	124.5		2016/8/1		8月平均每日营业额:	19275
4	卓永梅	五星级	167	0.7	116.9		2016/8/1			
5	张大鹏	五星级	168	0.7	117.6		2016/8/1			
6	李小东	四星级	169	0.75	126.75		2016/8/1			
7	沈晓雯	一星级	170	0.9	153		2016/8/1			
8	苗泽坤	一星级	171	0.9	153.9		2016/8/1			
9	李达明	四星级	172	0.75	129		2016/8/1			
10	蓝娜	四星级	173	0.75	129.75		2016/8/1			
11	沈丹丹	一星级	174	0.9	156.6		2016/8/1			

| | 8月营业统计 | ⊕ | |

图 4-67　8 月平均每日营业额

4.3.4　取整函数

运用 Excel 2016 中常用的数学函数，可以对浮点型数据进行取整或保留几位数。

1．ROUND 函数

ROUND 函数可以将数字四舍五入到指定的位数。ROUND 函数的使用格式如下：

ROUND(number, num_digits)

ROUND 函数的常用参数及其解释如表 4-27 所示。

表 4-27　ROUND 函数的常用参数及其解释

参　数	参　数　解　释
number	必需。表示要四舍五入的数字
num_digits	必需。表示要进行四舍五入运算的位数

在【8 月营业统计】工作表中使用 ROUND 函数对折后金额进行四舍五入到小数点后两位数，具体操作步骤如下：

(1) 输入公式。选择单元格 H2，输入"=ROUND(E2,2)"，如图 4-68 所示。

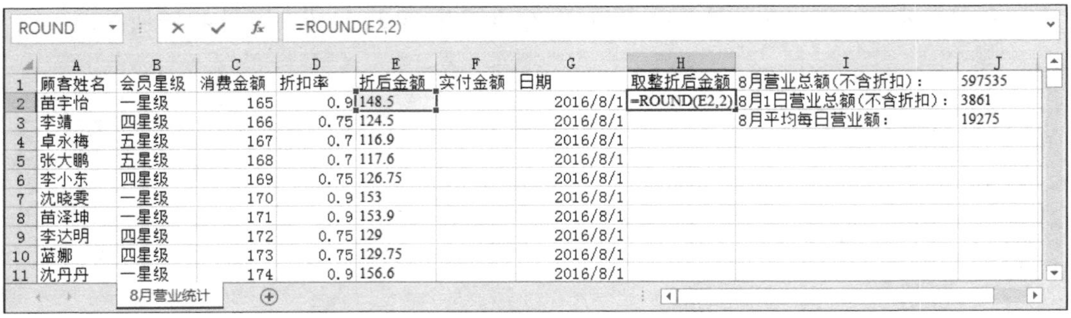

图 4-68 输入 "=ROUND(E2,2)"

(2) 确定公式。按下【Enter】键，并用填充公式的方式使用 ROUND 函数对其余的随机数进行四舍五入到小数点后两位数，如图 4-69 所示。

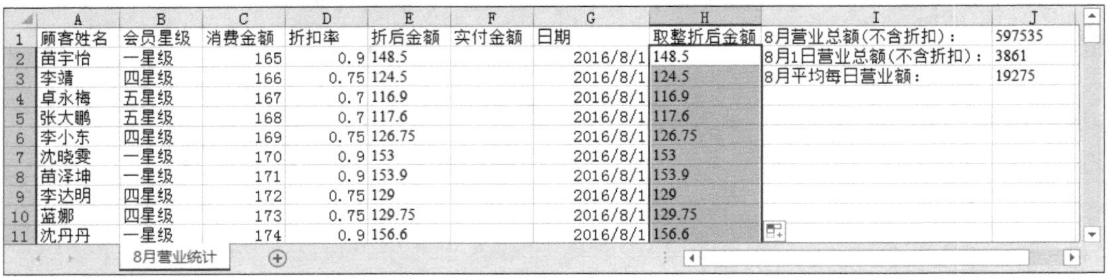

图 4-69 对其余的随机数进行四舍五入到小数点后两位数

2．INT 函数

INT 函数的作用是将数字向下舍入到最接近的整数。INT 函数的使用格式如下：

INT(numbei)

INT 函数的常用参数及其解释如表 4-28 所示。

表 4-28 INT 函数的常用参数及其解释

参数	参 数 解 释
number	必需。表示向下舍入取整的实数，可以是数字、单元格引用或单元格区域引用

使用 PRODUCT 函数计算的折后金额可能包含小数点的后两位数，这不符合实际支付金额的情况，需要对折后金额进行取整。在【8 月营业统计】工作表中使用 INT 函数对折后金额向下舍入到最接近的整数，具体操作步骤如下：

(1) 输入公式。选择单元格 F2，输入 "=INT(E2)"，如图 4-70 所示。

图 4-70 输入 "=INT(E2)"

(2) 确定公式。按下【Enter】键，使用 INT 函数对折后金额向下舍入到最接近的整数，计算结果如图 4-71 所示。

▲	A	B	C	D	E	F	G	H	I	J
1	顾客姓名	会员星级	消费金额	折扣率	折后金额	实付金额	日期	取整折后金额	8月营业总额(不含折扣)：	597535
2	苗宇怡	一星级	165	0.9	148.5	148	2016/8/1	148.5	8月1日营业总额(不含折扣)：	3861
3	李靖	四星级	166	0.75	124.5		2016/8/1	124.5	8月平均每日营业额：	19275
4	卓永梅	五星级	167	0.7	116.9		2016/8/1	116.9		
5	张大鹏	五星级	168	0.7	117.6		2016/8/1	117.6		
6	李小东	四星级	169	0.75	126.75		2016/8/1	126.75		
7	沈晓雯	一星级	170	0.9	153		2016/8/1	153		
8	苗泽坤	一星级	171	0.9	153.9		2016/8/1	153.9		
9	李达明	四星级	172	0.75	129		2016/8/1	129		
10	蓝娜	四星级	173	0.75	129.75		2016/8/1	129.75		
11	沈丹丹	一星级	174	0.9	156.6		2016/8/1	156.6		

8月营业统计

图 4-71　对折后金额向下舍入到最接近的整数

(3) 填充公式。选择单元格 F2，移动鼠标指针到单元格 F2 的右下角，当指针变为黑色且加粗的"+"时，双击左键即可使用 INT 函数对其余的折后金额向下舍入到最接近的整数，如图 4-72 所示。

▲	A	B	C	D	E	F	G	H	I	J
1	顾客姓名	会员星级	消费金额	折扣率	折后金额	实付金额	日期	取整折后金额	8月营业总额(不含折扣)：	597535
2	苗宇怡	一星级	165	0.9	148.5	148	2016/8/1	148.5	8月1日营业总额(不含折扣)：	3861
3	李靖	四星级	166	0.75	124.5	124	2016/8/1	124.5	8月平均每日营业额：	19275
4	卓永梅	五星级	167	0.7	116.9	116	2016/8/1	116.9		
5	张大鹏	五星级	168	0.7	117.6	117	2016/8/1	117.6		
6	李小东	四星级	169	0.75	126.75	126	2016/8/1	126.75		
7	沈晓雯	一星级	170	0.9	153	153	2016/8/1	153		
8	苗泽坤	一星级	171	0.9	153.9	153	2016/8/1	153.9		
9	李达明	四星级	172	0.75	129	129	2016/8/1	129		
10	蓝娜	四星级	173	0.75	129.75	129	2016/8/1	129.75		
11	沈丹丹	一星级	174	0.9	156.6	156	2016/8/1	156.6		

8月营业统计

图 4-72　对其余的折后金额向下舍入到最接近的整数

3. FLOOR 函数

FLOOR 函数可以将数值向下舍入(沿绝对值减小的方向)到最接近指定数值的倍数。FLOOR 函数的使用格式如下：

FLOOR(number, significance)

FLOOR 函数的常用参数及其解释如表 4-29 所示。

表 4-29　FLOOR 函数的常用参数及其解释

参数	参 数 解 释
number	必需。表示要舍入的数值
significance	必需。表示要舍入到的倍数

在【8 月营业统计】工作表中使用 FLOOR 函数对折后金额向下舍入(沿绝对值减小的方向)到最接近 0.5 的倍数，具体操作步骤如下：

(1) 输入公式。选择单元格 F2,输入 "=FLOOR(E:E,0.5)",如图 4-73 所示。

CEILING		× ✓ fx	=FLOOR(E:E,0.5)						
	A	B	C	D	E	F	G	H	I	J
1	顾客姓名	会员星级	消费金额	折扣率	折后金额	实付金额	日期	取整折后金额	8月营业总额(不含折扣):	597535
2	苗宇怡	一星级	165	0.9	148.5	=FLOOR(E:E,0.5)		148.5	8月1日营业总额(不含折扣):	3861
3	李靖	四星级	166	0.75	124.5		2016/8/1	124.5	8月平均每日营业额:	19275
4	卓永梅	五星级	167	0.7	116.9		2016/8/1	116.9		
5	张大鹏	五星级	168	0.7	117.6		2016/8/1	117.6		
6	李小东	四星级	169	0.75	126.75		2016/8/1	126.75		
7	沈晓雯	一星级	170	0.9	153		2016/8/1	153		
8	苗泽坤	一星级	171	0.9	153.9		2016/8/1	153.9		
9	李达明	四星级	172	0.75	129		2016/8/1	129		
10	蓝娜	四星级	173	0.75	129.75		2016/8/1	129.75		
11	沈丹丹	一星级	174	0.9	156.6		2016/8/1	156.6		

8月营业统计

图 4-73　输入 "=FLOOR(E:E,0.5)"

(2) 确定公式。按下【Enter】键,并用填充公式的方式对其余的折后金额向下舍入到最接近 0.5 的倍数,计算结果如图 4-74 所示。

	A	B	C	D	E	F	G	H	I	J
1	顾客姓名	会员星级	消费金额	折扣率	折后金额	实付金额	日期	取整折后金额	8月营业总额(不含折扣):	597535
2	苗宇怡	一星级	165	0.9	148.5	148.5	2016/8/1	148.5	8月1日营业总额(不含折扣):	3861
3	李靖	四星级	166	0.75	124.5	124.5	2016/8/1	124.5	8月平均每日营业额:	19275
4	卓永梅	五星级	167	0.7	116.9	116.5	2016/8/1	116.9		
5	张大鹏	五星级	168	0.7	117.6	117.5	2016/8/1	117.6		
6	李小东	四星级	169	0.75	126.75	126.5	2016/8/1	126.75		
7	沈晓雯	一星级	170	0.9	153	153	2016/8/1	153		
8	苗泽坤	一星级	171	0.9	153.9	153.5	2016/8/1	153.9		
9	李达明	四星级	172	0.75	129	129	2016/8/1	129		
10	蓝娜	四星级	173	0.75	129.75	129.5	2016/8/1	129.75		
11	沈丹丹	一星级	174	0.9	156.6	156.5	2016/8/1	156.6		

8月营业统计

图 4-74　对其余的折后金额向下舍入到最接近 0.5 的倍数

4. CEILING 函数

CEILING 函数可以将数值向上舍入(沿绝对值增大的方向)到最接近指定数值的倍数。CEILING 函数的使用格式如下:

CEILING(number, significance)

CEILING 函数的常用参数及其解释如表 4-30 所示。

表 4-30　CEILING 函数的常用参数及其解释

参数	参 数 解 释
number	必需。表示要舍入的数值
significance	必需。表示要舍入到的倍数

在【8 月营业统计】工作表中使用 CEILING 函数对折后金额向上舍入(沿绝对值增大的方向)到最接近 0.5 的倍数,具体操作步骤如下:

(1) 输入公式。选择单元格 F2,输入 "=CEILING(E:E,0.5)",如图 4-75 所示。

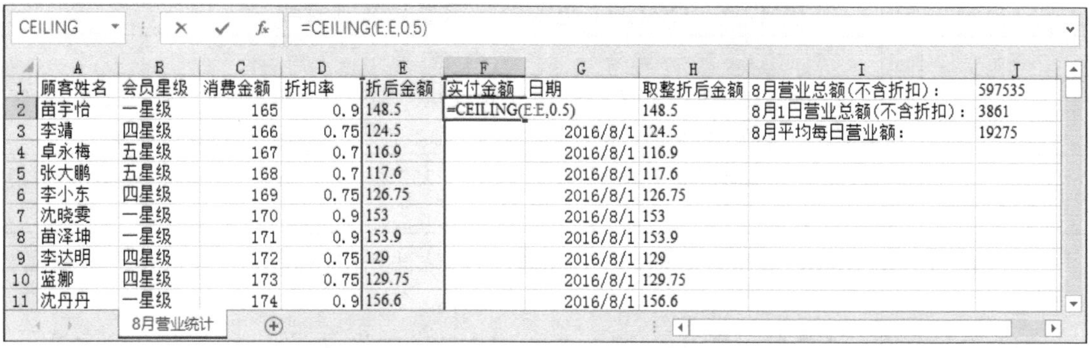

图 4-75 输入"=CEILING(E:E,0.5)"

(2) 确定公式。按下【Enter】键，并用填充公式的方式对其余的折后金额向上舍入到最接近 0.5 的倍数，计算结果如图 4-76 所示。

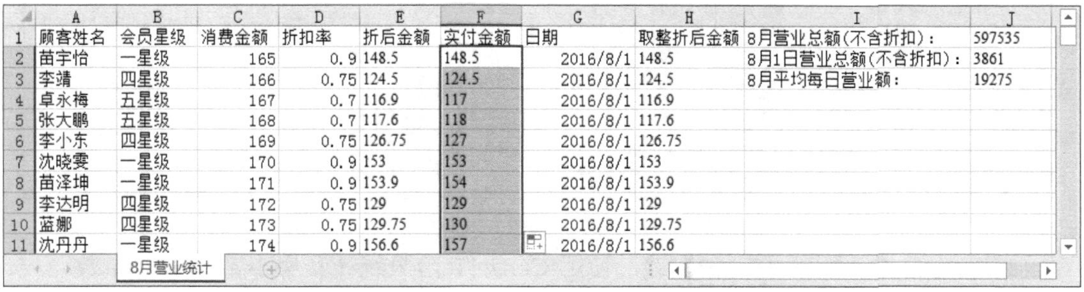

图 4-76 对其余的折后金额向上舍入到最接近 0.5 的倍数

4.4 统 计 函 数

统计函数一般用于对数据区域进行统计分析。现对私房小站所有店铺的 8 月订单信息进行统计分析，包括统计个数，计算平均值、最大值、最小值、众数、频率、中值。

4.4.1 COUNT 和 COUNTIF 函数

在 Excel 2016 中，统计符合条件的单元格个数的统计函数主要有 COUNT 函数和 COUNTIF 函数两种。

1. COUNT 函数

COUNT 函数可以统计包含数字的单元格个数以及参数列表中数字的个数，其使用格式如下：

COUNT(value1, value2, ...)

COUNT 函数的常用参数及其解释如表 4-31 所示。

表 4-31　COUNT 函数的常用参数及其解释

参数	参 数 解 释
value1	必需。表示要计算其中数字的个数的第 1 项，可以是数组、单元格引用或单元格区域引用。只有数字类型的数据才会被计算，如数字、日期或者代表数字的文本
value2,...	可选。表示要计算其中数字的个数的第 2～255 项，即可以像参数 value1 那样最多指定 255 个参数

在【8 月订单信息】工作表中使用 COUNT 函数统计私房小站 8 月订单数，具体操作步骤如下：

(1) 输入公式。选择单元格 H1，输入“=COUNT(D:D)”，如图 4-77 所示。

COUNT　=COUNT(D:D)

	A	B	C	D	E	F	G	H	I	J	K
1	订单号	会员名	店铺名	消费金额	日期		8月订单数：	=COUNT(D:D)		区间	订单数
2	201608010417	苗宇怡	私房小站（盐田分店）	165	2016/08/01		8月1日订单数：			300	
3	201608010301	李靖	私房小站（罗湖分店）	321	2016/08/01		8月平均每日消费金额：			600	
4	201608010413	卓永梅	私房小站（盐田分店）	854	2016/08/01		盐田分店8月平均每日消费金额：			1000	
5	201608010415	张大鹏	私房小站（罗湖分店）	466	2016/08/01		消费金额最大值：				
6	201608010392	李小东	私房小站（番禺分店）	704	2016/08/01		消费金额第二大值：				
7	201608010381	沈晓雯	私房小站（天河分店）	239	2016/08/01		消费金额最小值：				
8	201608010429	苗泽坤	私房小站（福田分店）	699	2016/08/01		消费金额第二小值：				
9	201608010433	李达明	私房小站（番禺分店）	511	2016/08/01		消费金额的众数：				
10	201608010569	蓝娜	私房小站（盐田分店）	326	2016/08/01		消费金额的中值：				
11	201608010655	沈丹丹	私房小站（顺德分店）	263	2016/08/01		估算消费金额的标准偏差：				
12	201608010577	冷亮	私房小站（天河分店）	380	2016/08/01		计算消费金额的标准偏差：				
13	201608010622	徐骏太	私房小站（天河分店）	164	2016/08/01		估算消费金额的方差：				
14	201608010651	高僖桐	私房小站（盐田分店）	137	2016/08/01		计算消费金额的方差：				

8月订单信息

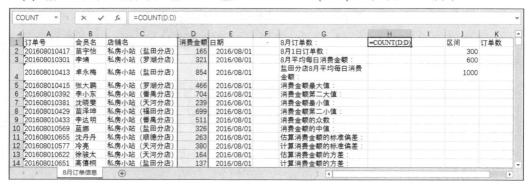

图 4-77　输入“=COUNT(D:D)”

(2) 确定公式。按下【Enter】键，使用 COUNT 函数统计私房小站 8 月订单数，统计结果如图 4-78 所示。

	A	B	C	D	E	F	G	H	I	J	K
1	订单号	会员名	店铺名	消费金额	日期		8月订单数：	941		区间	订单数
2	201608010417	苗宇怡	私房小站（盐田分店）	165	2016/08/01		8月1日订单数：			300	
3	201608010301	李靖	私房小站（罗湖分店）	321	2016/08/01		8月平均每日消费金额：			600	
4	201608010413	卓永梅	私房小站（盐田分店）	854	2016/08/01		盐田分店8月平均每日消费金额：			1000	
5	201608010415	张大鹏	私房小站（罗湖分店）	466	2016/08/01		消费金额最大值：				
6	201608010392	李小东	私房小站（番禺分店）	704	2016/08/01		消费金额第二大值：				
7	201608010381	沈晓雯	私房小站（天河分店）	239	2016/08/01		消费金额最小值：				
8	201608010429	苗泽坤	私房小站（福田分店）	699	2016/08/01		消费金额第二小值：				
9	201608010433	李达明	私房小站（番禺分店）	511	2016/08/01		消费金额的众数：				
10	201608010569	蓝娜	私房小站（盐田分店）	326	2016/08/01		消费金额的中值：				
11	201608010655	沈丹丹	私房小站（顺德分店）	263	2016/08/01		估算消费金额的标准偏差：				
12	201608010577	冷亮	私房小站（天河分店）	380	2016/08/01		计算消费金额的标准偏差：				
13	201608010622	徐骏太	私房小站（天河分店）	164	2016/08/01		估算消费金额的方差：				
14	201608010651	高僖桐	私房小站（盐田分店）	137	2016/08/01		计算消费金额的方差：				

8月订单信息

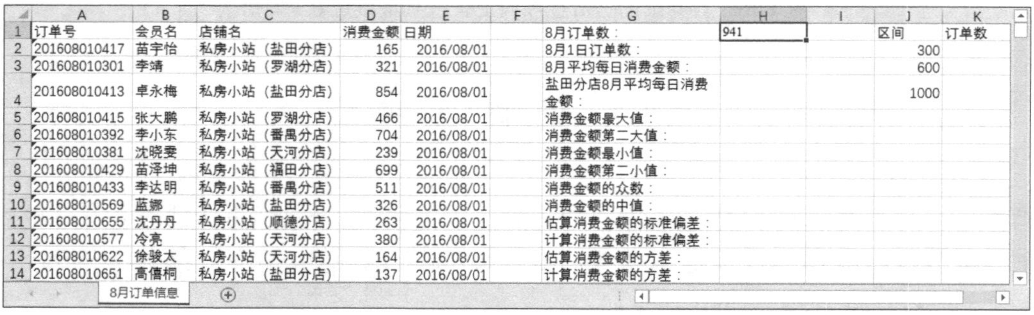

图 4-78　私房小站 8 月订单数

2. COUNTIF 函数

COUNTIF 函数可以统计满足某个条件的单元格的数量，其使用格式如下：

```
COUNTIF(range, criteria)
```

COUNTIF 函数的常用参数及其解释如表 4-32 所示。

表 4-32　COUNTIF 函数的常用参数及其解释

参数	参 数 解 释
range	必需。表示要查找的单元格区域
criteria	必需。表示查找的条件，可以是数字、表达值或者文本

在【8 月订单信息】工作表中使用 COUNTIF 函数统计私房小站 8 月 1 日订单数，具体操作步骤如下：

(1) 输入公式。选择单元格 H2，输入"=COUNTIF(E:E,"2016/8/1")"，如图 4-79 所示。

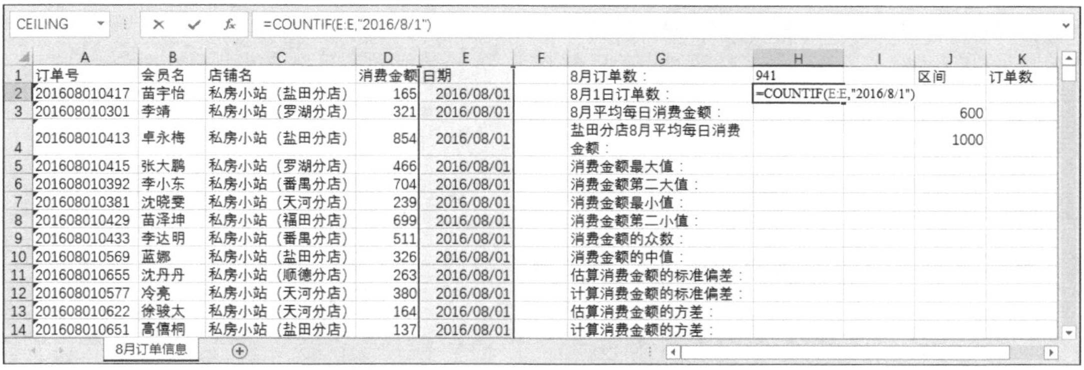

图 4-79　输入"=COUNTIF(E:E,"2016/8/1")"

(2) 确定公式。按下【Enter】键，使用 COUNTIF 函数统计私房小站 8 月 1 日订单数，统计结果如图 4-80 所示。

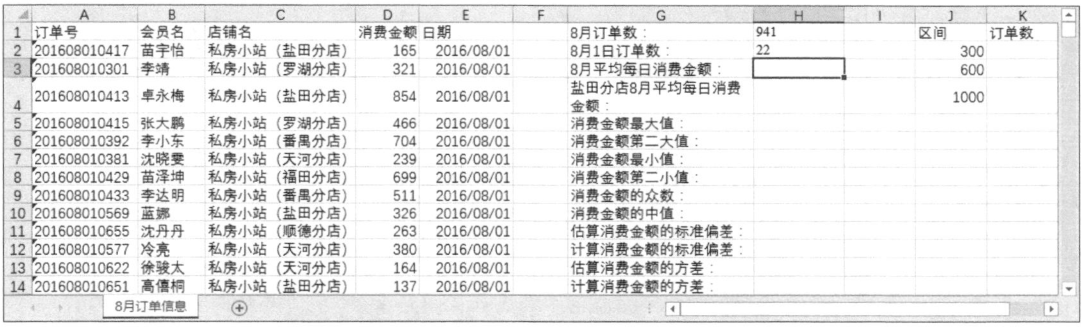

图 4-80　私房小站 8 月 1 日订单数

4.4.2　AVERAGE 和 AVERAGEIF 函数

在 Excel 2016 中，计算数据的算术平均值的统计函数主要有 AVERAGE 函数和 AVERAGEIF 函数两种。

1. AVERAGE 函数

AVERAGE 函数可以计算参数的平均值(算术平均值)，其使用格式如下：

AVERAGE(number1, number2, ...)

AVERAGE 函数的常用参数及其解释如表 4-33 所示。

表 4-33　AVERAGE 函数的常用参数及其解释

参数	参 数 解 释
number1	必需。要计算平均值的第一个数字、单元格引用或单元格区域引用
number2,...	可选。要计算平均值的第 2～255 个数字、单元格引用或单元格区域，最多可包含 255 个

在【8 月订单信息】工作表中使用 AVERAGE 函数计算私房小站 8 月平均每日营业额，具体操作步骤如下：

(1) 输入公式。选择单元格 H3，输入"=AVERAGE(D:D)"，如图 4-81 所示。

CEILING		× ✓ fx	=AVERAGE(D:D)							
	A	B	C	D	E	F	G	H	I	J	K
1	订单号	会员名	店铺名	消费金额	日期		8月订单数	941		区间	订单数
2	2016080010417	苗宇怡	私房小站（盐田分店）	165	2016/08/01		8月1日订单数：	22		300	
3	2016080010301	李靖	私房小站（罗湖分店）	321	2016/08/01		8月平均每日消费金额：	=AVERAGE(D:D)		600	
4	2016080010413	卓永梅	私房小站（盐田分店）	854	2016/08/01		盐田分店8月平均每日消费金额：			1000	
5	2016080010415	张大鹏	私房小站（罗湖分店）	466	2016/08/01		消费金额最大值：				
6	2016080010392	李小东	私房小站（番禺分店）	704	2016/08/01		消费金额第二大值：				
7	2016080010381	沈晓雯	私房小站（天河分店）	239	2016/08/01		消费金额最小值：				
8	2016080010429	苗泽坤	私房小站（福田分店）	699	2016/08/01		消费金额第二小值：				
9	2016080010433	李达明	私房小站（番禺分店）	511	2016/08/01		消费金额的众数：				
10	2016080010569	蓝娜	私房小站（盐田分店）	326	2016/08/01		消费金额的中值：				
11	2016080010655	沈丹丹	私房小站（顺德分店）	263	2016/08/01		估算消费金额的标准偏差：				
12	2016080010577	冷亮	私房小站（天河分店）	380	2016/08/01		计算消费金额的标准偏差：				
13	2016080010622	徐骏太	私房小站（天河分店）	164	2016/08/01		估算消费金额的方差：				
14	2016080010651	高僖桐	私房小站（盐田分店）	137	2016/08/01		计算消费金额的方差：				

图 4-81　输入"=AVERAGE(D:D)"

(2) 确定公式。按下【Enter】键，使用 AVERAGE 函数计算私房小站 8 月平均每日营业额，计算结果如图 4-82 所示。

	A	B	C	D	E	F	G	H	I	J	K
1	订单号	会员名	店铺名	消费金额	日期		8月订单数	941		区间	订单数
2	2016080010417	苗宇怡	私房小站（盐田分店）	165	2016/08/01		8月1日订单数：	22		300	
3	2016080010301	李靖	私房小站（罗湖分店）	321	2016/08/01		8月平均每日消费金额：	491.7035069		600	
4	2016080010413	卓永梅	私房小站（盐田分店）	854	2016/08/01		盐田分店8月平均每日消费金额：			1000	
5	2016080010415	张大鹏	私房小站（罗湖分店）	466	2016/08/01		消费金额最大值：				
6	2016080010392	李小东	私房小站（番禺分店）	704	2016/08/01		消费金额第二大值：				
7	2016080010381	沈晓雯	私房小站（天河分店）	239	2016/08/01		消费金额最小值：				
8	2016080010429	苗泽坤	私房小站（福田分店）	699	2016/08/01		消费金额第二小值：				
9	2016080010433	李达明	私房小站（番禺分店）	511	2016/08/01		消费金额的众数：				
10	2016080010569	蓝娜	私房小站（盐田分店）	326	2016/08/01		消费金额的中值：				
11	2016080010655	沈丹丹	私房小站（顺德分店）	263	2016/08/01		估算消费金额的标准偏差：				
12	2016080010577	冷亮	私房小站（天河分店）	380	2016/08/01		计算消费金额的标准偏差：				
13	2016080010622	徐骏太	私房小站（天河分店）	164	2016/08/01		估算消费金额的方差：				
14	2016080010651	高僖桐	私房小站（盐田分店）	137	2016/08/01		计算消费金额的方差：				

图 4-82　私房小站 8 月平均每日营业额

2. AVERAGEIF 函数

AVERAGEIF 函数可以计算某个区域内满足给定条件的所有单元格的平均值(算术平均值)。AVERAGEIF 函数的使用格式如下：

AVERAGEIF(range, criteria, average_range)

AVERAGEIF 函数的常用参数及其解释如表 4-34 所示。

表 4-34　AVERAGEIF 函数的常用参数及其解释

参数	参 数 解 释
range	必需。表示要计算平均值的一个或多个单元格(即要判断条件的区域)，其中包含数字、包含数字的名称、数组或引用
criteria	必需。表示给定的条件，可以是数字、表达式、单元格引用或文本形式
average_range	可选。表示要计算平均值的实际单元格区域。若省略此参数，则使用 range 参数指定的单元格区域

在【8 月订单信息】工作表中使用 AVERAGEIF 函数计算私房小站盐田分店的 8 月平均每日营业额，具体操作步骤如下：

(1) 输入公式。选择单元格 H4，输入"=AVERAGEIF(C:C,"私房小站(盐田分店)",D:D)"，如图 4-83 所示。

AVERAGEIF	× ✓ fx	=AVERAGEIF(C:C,"私房小站（盐田分店）",D:D)						
	A	B	C	D	E	F	G	H	I	J	K
1	订单号	会员名	店铺名	消费金额	日期		8月订单数：	941		区间	订单数
2	2016080010417	苗宇怡	私房小站（盐田分店）	165	2016/08/01		8月1日订单数：	22		300	
3	2016080010301	李靖	私房小站（罗湖分店）	321	2016/08/01		8月平均每日消费金额：	491.7035069		600	
4	2016080010413	卓永梅	私房小站（盐田分店）	854	2016/08/01		盐田分店8月平均每日消费金额：	=AVERAGEIF(C:C,"私房小站（盐田分店）",D:D)		1000	
5	2016080010415	张大鹏	私房小站（罗湖分店）	466	2016/08/01		消费金额最大值：				
6	2016080010392	李小东	私房小站（番禺分店）	704	2016/08/01		消费金额第二大值：				
7	2016080010381	沈晓雯	私房小站（天河分店）	239	2016/08/01		消费金额最小值：				
8	2016080010429	苗泽坤	私房小站（福田分店）	699	2016/08/01		消费金额第二小值：				
9	2016080010433	李达明	私房小站（番禺分店）	511	2016/08/01		消费金额的众数：				
10	2016080010569	蓝娜	私房小站（盐田分店）	326	2016/08/01		消费金额的中值：				
11	2016080010655	沈丹丹	私房小站（顺德分店）	263	2016/08/01		估算消费金额的标准偏差：				
12	2016080010577	冷亮	私房小站（天河分店）	380	2016/08/01		计算消费金额的标准偏差：				
13	2016080010622	徐骏太	私房小站（天河分店）	164	2016/08/01		估算消费金额的方差：				
14	2016080010651	高僎桐	私房小站（盐田分店）	137	2016/08/01		计算消费金额的方差：				

图 4-83　输入"=AVERAGEIF(C:C,"私房小站(盐田分店)",D:D)"

(2) 确定公式。按下【Enter】键，使用 AVERAGEIF 函数计算私房小站盐田分店的 8 月平均每日营业额，计算结果如图 4-84 所示。

	A	B	C	D	E	F	G	H	I	J	K
1	订单号	会员名	店铺名	消费金额	日期		8月订单数：	941		区间	订单数
2	2016080010417	苗宇怡	私房小站（盐田分店）	165	2016/08/01		8月1日订单数：	22		300	
3	2016080010301	李靖	私房小站（罗湖分店）	321	2016/08/01		8月平均每日消费金额：	491.7035069		600	
4	2016080010413	卓永梅	私房小站（盐田分店）	854	2016/08/01		盐田分店8月平均每日消费金额：	507.1111111		1000	
5	2016080010415	张大鹏	私房小站（罗湖分店）	466	2016/08/01		消费金额最大值：				
6	2016080010392	李小东	私房小站（番禺分店）	704	2016/08/01		消费金额第二大值：				
7	2016080010381	沈晓雯	私房小站（天河分店）	239	2016/08/01		消费金额最小值：				
8	2016080010429	苗泽坤	私房小站（福田分店）	699	2016/08/01		消费金额第二小值：				
9	2016080010433	李达明	私房小站（番禺分店）	511	2016/08/01		消费金额的众数：				
10	2016080010569	蓝娜	私房小站（盐田分店）	326	2016/08/01		消费金额的中值：				
11	2016080010655	沈丹丹	私房小站（顺德分店）	263	2016/08/01		估算消费金额的标准偏差：				
12	2016080010577	冷亮	私房小站（天河分店）	380	2016/08/01		计算消费金额的标准偏差：				
13	2016080010622	徐骏太	私房小站（天河分店）	164	2016/08/01		估算消费金额的方差：				
14	2016080010651	高僎桐	私房小站（盐田分店）	137	2016/08/01		计算消费金额的方差：				

图 4-84　私房小站盐田分店的 8 月平均每日营业额

4.4.3　MAX 和 LARGE 函数

在 Excel 2016 中，通过 MAX 函数可以求出数据的最大值，通过 LARGE 函数可以求出数据的第二大值。

1．MAX 函数

MAX 函数可以返回一组值中的最大值，其使用格式如下：

MAX(number1, number2, ...)

MAX 函数的常用参数及其解释如表 4-35 所示。

表 4-35　MAX 函数的常用参数及其解释

参数	参数解释
number1	必需。表示要查找最大值的第 1 个数字参数，可以是数字、数组或单元格引用
number2,...	可选。表示要查找最大值的第 2～255 个数字参数，即可以像参数 number1 那样最多指定 255 个参数

在【8 月订单信息】工作表中使用 MAX 函数计算消费金额的最大值，具体操作步骤如下：

(1) 输入公式。选择单元格 H5，输入"=MAX(D:D)"，如图 4-85 所示。

图 4-85　输入"=MAX(D:D)"

(2) 确定公式。按下【Enter】键，使用 MAX 函数计算消费金额的最大值，计算结果如图 4-86 所示。

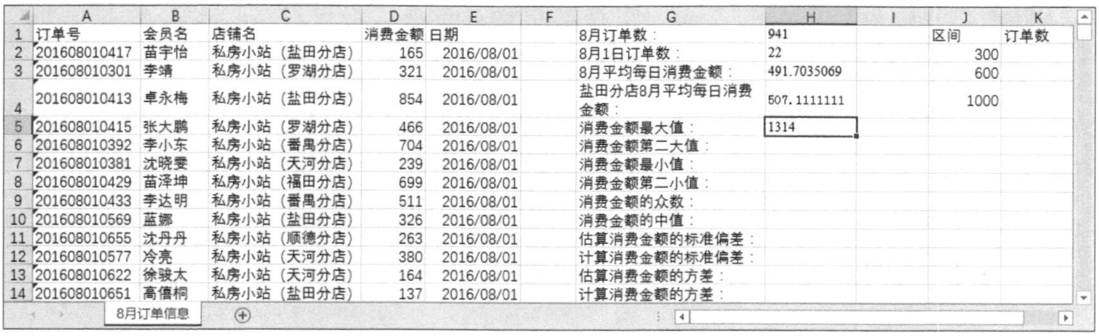

图 4-86　消费金额的最大值

2．LARGE 函数

LARGE 函数可以返回数据集中第 k 个最大值，其使用格式如下：

```
LARGE(array, k)
```

LARGE 函数的常用参数及其解释如表 4-36 所示。

表 4-36　LARGE 函数的常用参数及其解释

参数	参 数 解 释
array	必需。表示需要查找的第 k 个最大值的数组或数据区域
k	必需。表示返回值在数组或数据单元格区域中的位置(从大到小排)

在【8 月订单信息】工作表中使用 LARGE 函数计算消费金额的第二大值，具体操作步骤如下。

(1) 输入公式。选择单元格 H6，输入 "=LARGE(D:D,2)"，如图 4-87 所示。

图 4-87　输入 "=LARGE(D:D,2)"

(2) 确定公式。按下【Enter】键，使用 LARGE 函数计算消费金额的第二大值，计算结果如图 4-88 所示。

图 4-88　消费金额的第二大值

4.4.4　MIN 和 SMALL 函数

在 Excel 2016 中，通过 MIN 函数可以求出数据的最小值，通过 SMALL 函数可以求出数据的第二小值。

1．MIN 函数

MIN 函数可以返回一组值中的最小值，其使用格式如下：

```
MIN(number1,number2,...)
```

MIN 函数的常用参数及其解释如表 4-37 所示。

表 4-37　MIN 函数的常用参数及其解释

参数	参 数 解 释
number1	必需。表示要查找最小值的第 1 个数字参数，可以是数字、数组或单元格引用
number2,...	可选。表示要查找最小值的第 2～255 个数字参数，即可以像参数 number1 那样最多指定 255 个参数

在【8 月订单信息】工作表中使用 MIN 函数计算消费金额的最小值，具体操作步骤如下：

(1) 输入公式。选择单元格 H7，输入“=MIN(D:D)”，如图 4-89 所示。

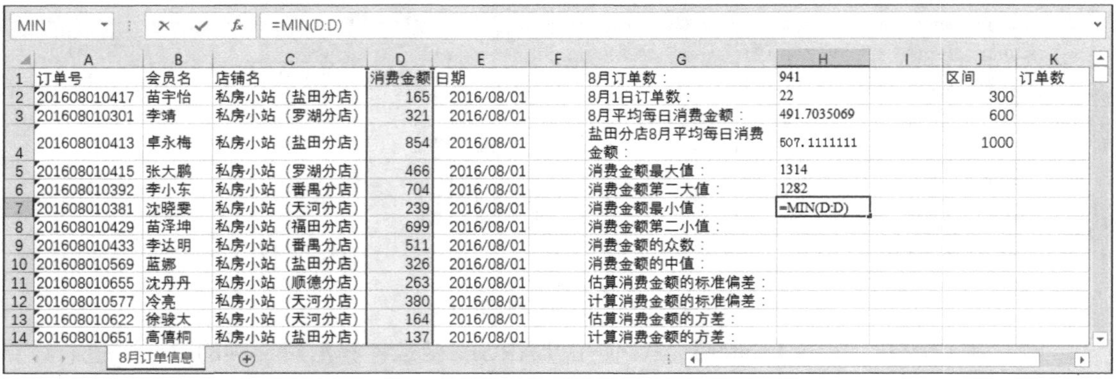

MIN　=MIN(D:D)

	A	B	C	D	E	F	G	H	I	J	K
1	订单号	会员名	店铺名	消费金额	日期		8月订单数：	941		区间	订单数
2	201608010417	苗宇怡	私房小站（盐田分店）	165	2016/08/01		8月1日订单数：	22		300	
3	201608010301	李靖	私房小站（罗湖分店）	321	2016/08/01		8月平均每日消费金额：	491.7035069		600	
4	201608010413	卓永梅	私房小站（盐田分店）	854	2016/08/01		盐田分店8月平均每日消费金额：	507.1111111		1000	
5	201608010415	张大鹏	私房小站（罗湖分店）	466	2016/08/01		消费金额最大值：	1314			
6	201608010392	李小东	私房小站（番禺分店）	704	2016/08/01		消费金额第二大值：	1282			
7	201608010381	沈晓雯	私房小站（天河分店）	239	2016/08/01		消费金额最小值：	=MIN(D:D)			
8	201608010429	苗泽坤	私房小站（福田分店）	699	2016/08/01		消费金额第二小值：				
9	201608010433	李达明	私房小站（番禺分店）	511	2016/08/01		消费金额的众数：				
10	201608010569	蓝娜	私房小站（盐田分店）	326	2016/08/01		消费金额的中值：				
11	201608010655	沈丹丹	私房小站（顺德分店）	263	2016/08/01		估算消费金额的标准偏差：				
12	201608010577	冷亮	私房小站（天河分店）	380	2016/08/01		计算消费金额的标准偏差：				
13	201608010622	徐骏太	私房小站（天河分店）	164	2016/08/01		估算消费金额的方差：				
14	201608010651	高僖桐	私房小站（盐田分店）	137	2016/08/01		计算消费金额的方差：				

8月订单信息

图 4-89　输入“=MIN(D:D)”

(2) 确定公式。按下【Enter】键，使用 MIN 函数计算消费金额的最小值，计算结果如图 4-90 所示。

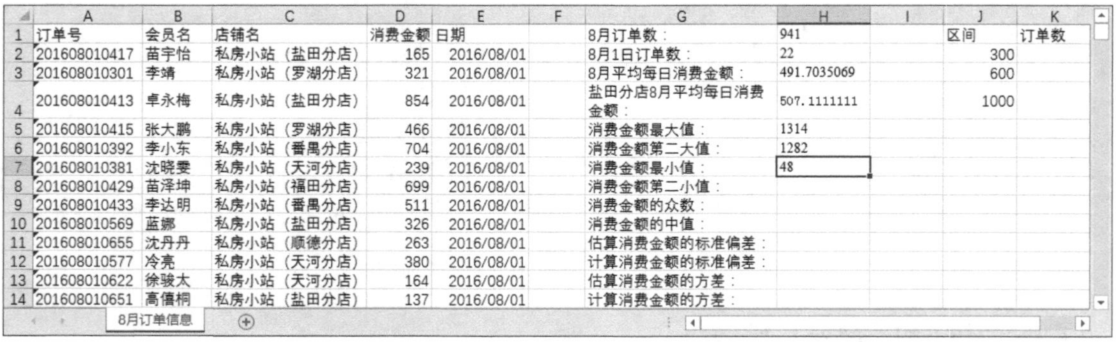

	A	B	C	D	E	F	G	H	I	J	K
1	订单号	会员名	店铺名	消费金额	日期		8月订单数：	941		区间	订单数
2	201608010417	苗宇怡	私房小站（盐田分店）	165	2016/08/01		8月1日订单数：	22		300	
3	201608010301	李靖	私房小站（罗湖分店）	321	2016/08/01		8月平均每日消费金额：	491.7035069		600	
4	201608010413	卓永梅	私房小站（盐田分店）	854	2016/08/01		盐田分店8月平均每日消费金额：	507.1111111		1000	
5	201608010415	张大鹏	私房小站（罗湖分店）	466	2016/08/01		消费金额最大值：	1314			
6	201608010392	李小东	私房小站（番禺分店）	704	2016/08/01		消费金额第二大值：	1282			
7	201608010381	沈晓雯	私房小站（天河分店）	239	2016/08/01		消费金额最小值：	48			
8	201608010429	苗泽坤	私房小站（福田分店）	699	2016/08/01		消费金额第二小值：				
9	201608010433	李达明	私房小站（番禺分店）	511	2016/08/01		消费金额的众数：				
10	201608010569	蓝娜	私房小站（盐田分店）	326	2016/08/01		消费金额的中值：				
11	201608010655	沈丹丹	私房小站（顺德分店）	263	2016/08/01		估算消费金额的标准偏差：				
12	201608010577	冷亮	私房小站（天河分店）	380	2016/08/01		计算消费金额的标准偏差：				
13	201608010622	徐骏太	私房小站（天河分店）	164	2016/08/01		估算消费金额的方差：				
14	201608010651	高僖桐	私房小站（盐田分店）	137	2016/08/01		计算消费金额的方差：				

8月订单信息

图 4-90　消费金额的最小值

2. SMALL 函数

SMALL 函数可以返回数据集中的第 k 个最小值，其使用格式如下：

```
SMALL(array, k)
```

SMALL 函数的常用参数及其解释如表 4-38 所示。

表 4-38　SMALL 函数的常用参数及其解释

参数	参 数 解 释
array	必需。表示需要查找的第 k 个最小值的数组或数据区域
k	必需。表示返回值在数组或数据单元格区域中的位置(从小到大排)

在【8 月订单信息】工作表中使用 SMALL 函数计算消费金额的第二小值，具体操作步骤如下：

(1) 输入公式。选择单元格 H8，输入“=SMALL(D:D,2)”，如图 4-91 所示。

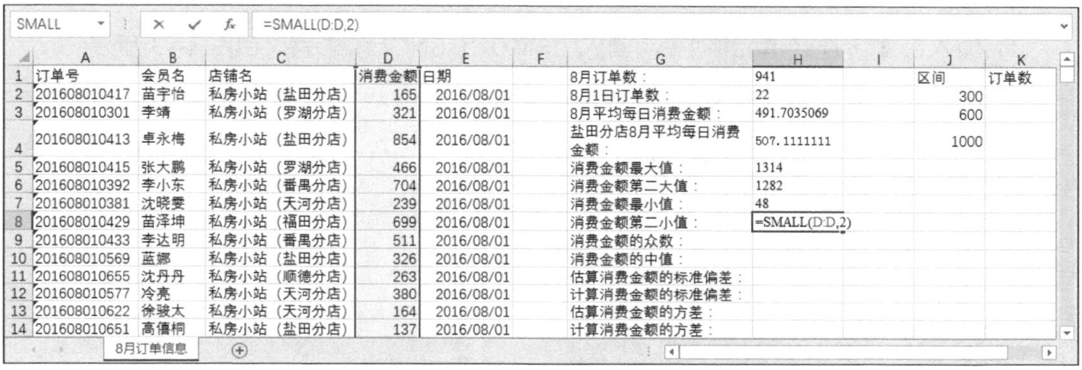

SMALL　=SMALL(D:D,2)

	A	B	C	D	E	F	G	H	I	J	K
1	订单号	会员名	店铺名	消费金额	日期		8月订单数：	941		区间	订单数
2	201608010417	苗宇怡	私房小站（盐田分店）	165	2016/08/01		8月1日订单数：	22		300	
3	201608010301	李靖	私房小站（罗湖分店）	321	2016/08/01		8月平均每日消费金额：	491.7035069		600	
4	201608010413	卓永梅	私房小站（盐田分店）	854	2016/08/01		盐田分店8月平均每日消费金额：	507.1111111		1000	
5	201608010415	张大鹏	私房小站（罗湖分店）	466	2016/08/01		消费金额最大值：	1314			
6	201608010392	李小东	私房小站（番禺分店）	704	2016/08/01		消费金额第二大值：	1282			
7	201608010381	沈晓雯	私房小站（天河分店）	239	2016/08/01		消费金额最小值：	48			
8	201608010429	苗泽坤	私房小站（福田分店）	699	2016/08/01		消费金额第二小值：	=SMALL(D:D,2)			
9	201608010433	李达明	私房小站（番禺分店）	511	2016/08/01		消费金额的众数：				
10	201608010569	蓝娜	私房小站（盐田分店）	326	2016/08/01		消费金额的中值：				
11	201608010655	沈丹丹	私房小站（顺德分店）	263	2016/08/01		估算消费金额的标准偏差：				
12	201608010577	冷亮	私房小站（天河分店）	380	2016/08/01		计算消费金额的标准偏差：				
13	201608010622	徐骏太	私房小站（天河分店）	164	2016/08/01		估算消费金额的方差：				
14	201608010651	高僖桐	私房小站（盐田分店）	137	2016/08/01		计算消费金额的方差：				

8月订单信息

图 4-91　输入“=SMALL(D:D,2)”

(2) 确定公式。按下【Enter】键，使用 SMALL 函数计算消费金额的第二小值，计算结果如图 4-92 所示。

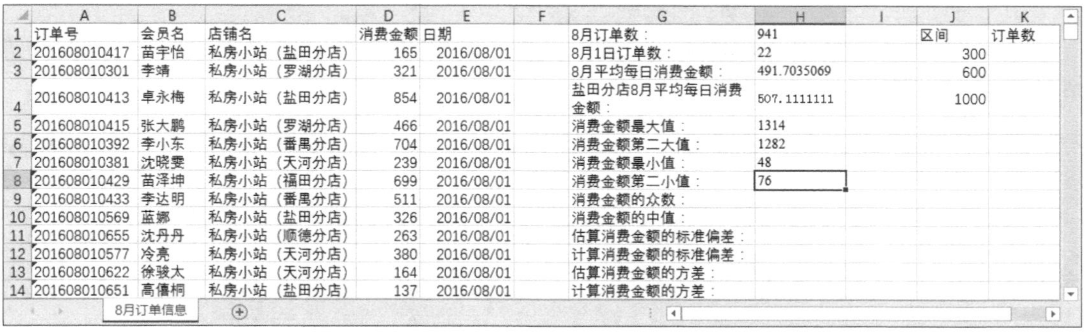

	A	B	C	D	E	F	G	H	I	J	K
1	订单号	会员名	店铺名	消费金额	日期		8月订单数：	941		区间	订单数
2	201608010417	苗宇怡	私房小站（盐田分店）	165	2016/08/01		8月1日订单数：	22		300	
3	201608010301	李靖	私房小站（罗湖分店）	321	2016/08/01		8月平均每日消费金额：	491.7035069		600	
4	201608010413	卓永梅	私房小站（盐田分店）	854	2016/08/01		盐田分店8月平均每日消费金额：	507.1111111		1000	
5	201608010415	张大鹏	私房小站（罗湖分店）	466	2016/08/01		消费金额最大值：	1314			
6	201608010392	李小东	私房小站（番禺分店）	704	2016/08/01		消费金额第二大值：	1282			
7	201608010381	沈晓雯	私房小站（天河分店）	239	2016/08/01		消费金额最小值：	48			
8	201608010429	苗泽坤	私房小站（福田分店）	699	2016/08/01		消费金额第二小值：	76			
9	201608010433	李达明	私房小站（番禺分店）	511	2016/08/01		消费金额的众数：				
10	201608010569	蓝娜	私房小站（盐田分店）	326	2016/08/01		消费金额的中值：				
11	201608010655	沈丹丹	私房小站（顺德分店）	263	2016/08/01		估算消费金额的标准偏差：				
12	201608010577	冷亮	私房小站（天河分店）	380	2016/08/01		计算消费金额的标准偏差：				
13	201608010622	徐骏太	私房小站（天河分店）	164	2016/08/01		估算消费金额的方差：				
14	201608010651	高僖桐	私房小站（盐田分店）	137	2016/08/01		计算消费金额的方差：				

8月订单信息

图 4-92　消费金额的第二小值

4.4.5　MODE.SNGL、FREQUENCY 和 MEDIAN 函数

在 Excel 2016 中，通过 MODE.SNGL 函数可以计算数据的众数，通过 FREQUENCY 函数可以计算数据的频率，通过 MEDIAN 函数可以计算数据的中值。

1. MODE.SNGL 函数

MODE.SNGL 函数可以返回在某一数组或数据区域中的众数，其使用格式如下：

```
MODE.SNGL(number1, number2,…)
```

MODE.SNGL 函数的常用参数及其解释如表 4-39 所示。

表 4-39　MODE.SNGL 函数的常用参数及其解释

参数	参 数 解 释
number1	必需。表示要计算其众数的第 1 个参数，可以是数字、包含数字的名称、数组和单元格引用
number2,…	可选。表示要计算其众数的第 2～255 个参数，即可以像参数 number1 那样最多指定 255 个参数

在【8 月订单信息】工作表中使用 MODE.SNGL 函数计算消费金额的众数，具体操作步骤如下：

(1) 输入公式。选择单元格 H9，输入“=MODE.SNGL(D:D)”，如图 4-93 所示。

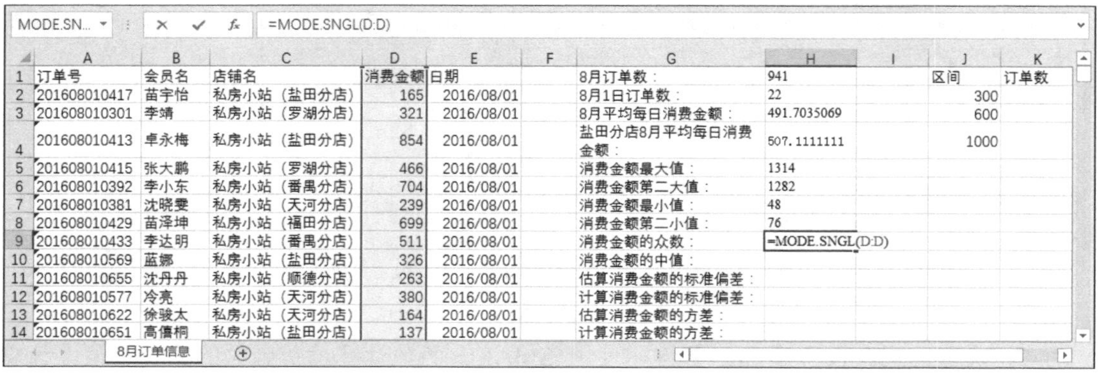

MODE.SN…　=MODE.SNGL(D:D)

	A	B	C	D	E	F	G	H	I	J	K
1	订单号	会员名	店铺名	消费金额	日期		8月订单数：	941		区间	订单数
2	201608010417	苗宇怡	私房小站（盐田分店）	165	2016/08/01		8月1日订单数：	22		300	
3	201608010301	李靖	私房小站（罗湖分店）	321	2016/08/01		8月平均每日消费金额：	491.7035069		600	
4	201608010413	卓永梅	私房小站（盐田分店）	854	2016/08/01		盐田分店8月平均每日消费金额：	507.1111111		1000	
5	201608010415	张大鹏	私房小站（罗湖分店）	466	2016/08/01		消费金额最大值：	1314			
6	201608010392	李小东	私房小站（番禺分店）	704	2016/08/01		消费金额第二大值：	1282			
7	201608010381	沈晓雯	私房小站（天河分店）	239	2016/08/01		消费金额最小值：	48			
8	201608010429	苗泽坤	私房小站（福田分店）	699	2016/08/01		消费金额第二小值：	76			
9	201608010433	李达明	私房小站（番禺分店）	511	2016/08/01		消费金额的众数：	=MODE.SNGL(D:D)			
10	201608010569	蓝娜	私房小站（盐田分店）	326	2016/08/01		消费金额的中值：				
11	201608010655	沈丹丹	私房小站（顺德分店）	263	2016/08/01		估算消费金额的标准偏差：				
12	201608010577	冷亮	私房小站（天河分店）	380	2016/08/01		计算消费金额的标准偏差：				
13	201608010622	徐骏太	私房小站（天河分店）	164	2016/08/01		估算消费金额的方差：				
14	201608010651	高僖桐	私房小站（盐田分店）	137	2016/08/01		计算消费金额的方差：				

8月订单信息

图 4-93　输入“=MODE.SNGL(D:D)”

(2) 确定公式。按下【Enter】键，使用 MODE.SNGL 函数计算消费金额的众数，计算结果如图 4-94 所示。

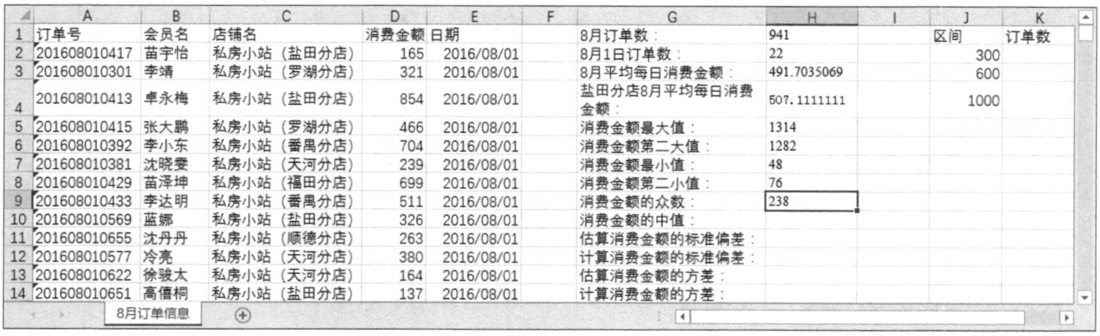

	A	B	C	D	E	F	G	H	I	J	K
1	订单号	会员名	店铺名	消费金额	日期		8月订单数：	941		区间	订单数
2	201608010417	苗宇怡	私房小站（盐田分店）	165	2016/08/01		8月1日订单数：	22		300	
3	201608010301	李靖	私房小站（罗湖分店）	321	2016/08/01		8月平均每日消费金额：	491.7035069		600	
4	201608010413	卓永梅	私房小站（盐田分店）	854	2016/08/01		盐田分店8月平均每日消费金额：	507.1111111		1000	
5	201608010415	张大鹏	私房小站（罗湖分店）	466	2016/08/01		消费金额最大值：	1314			
6	201608010392	李小东	私房小站（番禺分店）	704	2016/08/01		消费金额第二大值：	1282			
7	201608010381	沈晓雯	私房小站（天河分店）	239	2016/08/01		消费金额最小值：	48			
8	201608010429	苗泽坤	私房小站（福田分店）	699	2016/08/01		消费金额第二小值：	76			
9	201608010433	李达明	私房小站（番禺分店）	511	2016/08/01		消费金额的众数：	238			
10	201608010569	蓝娜	私房小站（盐田分店）	326	2016/08/01		消费金额的中值：				
11	201608010655	沈丹丹	私房小站（顺德分店）	263	2016/08/01		估算消费金额的标准偏差：				
12	201608010577	冷亮	私房小站（天河分店）	380	2016/08/01		计算消费金额的标准偏差：				
13	201608010622	徐骏太	私房小站（天河分店）	164	2016/08/01		估算消费金额的方差：				
14	201608010651	高僖桐	私房小站（盐田分店）	137	2016/08/01		计算消费金额的方差：				

8月订单信息

图 4-94　消费金额的众数

2．FREQUENCY 函数

FREQUENCY 函数可以计算数值在某个区域内的出现频率，然后返回一个垂直数组。由于 FREQUENCY 返回一个数组，因而它必须以数组公式的形式输入。FREQUENCY 函数的使用格式如下：

FREQUENCY(data_array, bins_array)

FREQUENCY 函数的常用参数及其解释如表 4-40 所示。

表 4-40　FREQUENCY 函数的常用参数及其解释

参数	参 数 解 释
data_array	必需。表示要对其频率进行计数的一组数值或对这组数值的引用。若参数 data_array 中不包含任何数值，则函数 FREQUENCY 返回一个零数组
bins_array	必需。表示要将参数 data_array 中的值插入到的间隔数组或对间隔的引用。若参数 bins_array 中不包含任何数值，则函数 FREQUENCY 返回 data_array 中的元素个数

在【8 月订单信息】工作表中使用 FREQUENCY 函数计算消费金额在给定区域(单元格区域 J2:J4)出现的频率，具体操作步骤如下：

(1) 选择单元格区域并使之进入编辑状态。选择单元格区域 K2:K5，按下【F2】键，使单元格进入编辑状态。

(2) 输入公式。输入"=FREQUENCY(D:D,J2:J4)"，如图 4-95 所示。

图 4-95　输入"=FREQUENCY(D:D,J2:J4)"

(3) 确定公式。按下【Ctrl+Shift+Enter】键，使用 FREQUENCY 函数计算消费金额在给定区域出现的频率，计算结果如图 4-96 所示。

图 4-96　消费金额在给定区域出现的频率

3. MEDIAN 函数

MEDIAN 函数可以返回一组已知数字的中值(如果参数集合中包含偶数个数字，MEDIAN 函数将返回位于中间的两个数的平均值)。MEDIAN 函数的使用格式如下：

MEDIAN(number1, number2, ...)

MEDIAN 函数的常用参数及其解释如表 4-41 所示。

表 4-41　MEDIAN 函数的常用参数及其解释

参数	参　数　解　释
number1	必需。表示要计算中值的第 1 个数值集合，可以是数字、包含数字的名称、数组或引用
number2,...	可选。表示要计算中值的第 2～255 个数值集合，即可以像参数 number1 那样指定 255 个参数

在【8 月订单信息】工作表中使用 MEDIAN 函数计算消费金额的中值，具体操作步骤如下：

(1) 输入公式。选择单元格 H10，输入"=MEDIAN(D:D)"，如图 4-97 所示。

图 4-97　输入"=MEDIAN(D:D)"

(2) 确定公式。按下【Enter】键，使用 MEDIAN 函数计算消费金额的中值，计算结果如图 4-98 所示。

图 4-98　消费金额的中值

4.5　逻 辑 函 数

逻辑运算可以用等式表示判断，把推理看作等式的变换。在【8 月 1 日订单信息】工作表中利用逻辑函数搜索出有复杂条件的情况下需求的数据。

4.5.1　IF 函数

IF 函数的功能是执行真假值判断，根据逻辑值计算的真假值返回不同的结果。IF 函数的使用格式如下：

IF(logical_test, value_if_true, value_if_false)

IF 函数的常用参数及其解释如表 4-42 所示。

表 4-42　IF 函数的常用参数及其解释

参数	参 数 解 释
logical_test	必需。表示要测试的条件
value_if_true	必需。表示 logical_test 的结果为 TRUE 时，希望返回的值
value_if_false	可选。表示 logical_test 的结果为 FALSE 时，希望返回的值

根据【8 月 1 日订单信息】工作表中会员消费金额来确定会员的等级，具体操作步骤如下：

(1) 输入公式。选定 G2 单元格，输入"=IF(E2>=$I$7,$J$7,IF(E2>=$I$6,$J$6,IF(E2>=$I$5,$J$5,IF(E2>=$I$4,$J$4,IF(E2>=$I$3,$J$3,0)))))"，如图 4-99 所示。

图 4-99　输入 IF 公式

(2) 确定公式。按下【Enter】键，并使用填充公式的方式更新所有会员的会员等级信息，如图 4-100 所示。

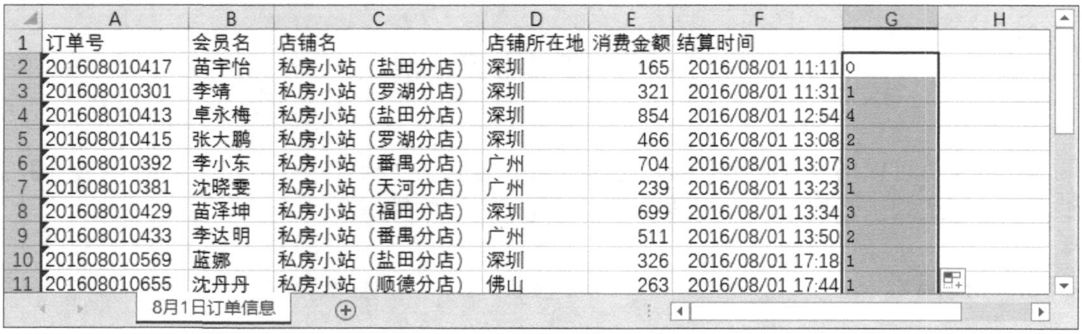

图 4-100　更新所有会员的会员等级信息

4.5.2　IFERROR 函数

IFERROR 函数的功能是如果公式的计算结果错误，那么返回指定的值，否则返回公式的结果。IFERROR 函数的使用格式如下：

IFERROR(value, value_if_error)

IFERROR 函数的常用参数及其解释如表 4-43 所示。

表 4-43　IFERROR 函数的常用参数及其解释

参数	参 数 解 释
value	必需。表示是否存在错误的参数
value_if_false	必需。表示公式的计算结果错误时返回的值

在【8 月 1 日订单信息】工作表中找出 14 点以前消费的消费金额，14 点以后的返回值设为 0，具体操作步骤如下：

（1）输入公式。选中 G2 单元格，输入 "=IF(IFERROR(HOUR(F2)<=13,FALSE),E2,0)"，如图 4-101 所示。

	A	B	C	D	E	F	G	H
IF				× ✓ fx	=IF(IFERROR(HOUR(F2)<=13,FALSE),E2,0)			
1	订单号	会员名	店铺名	店铺所在地	消费金额	结算时间		
2	201608010417	苗宇怡	私房小站（盐田分店）	深圳	165	2016/08/01 11:11	=IF(	
3	201608010301	李靖	私房小站（罗湖分店）	深圳	321	2016/08/01 11:31	IFERROR(	
4	201608010413	卓永梅	私房小站（盐田分店）	深圳	854	2016/08/01 12:54	HOUR(F2)<	
5	201608010415	张大鹏	私房小站（罗湖分店）	深圳	466	2016/08/01 13:08	=13,	
6	201608010392	李小东	私房小站（番禺分店）	广州	704	2016/08/01 13:07	FALSE),	
7	201608010381	沈晓雯	私房小站（天河分店）	广州	239	2016/08/01 13:23	E2,0)	
8	201608010429	苗泽坤	私房小站（福田分店）	深圳	699	2016/08/01 13:34		
9	201608010433	李达明	私房小站（番禺分店）	广州	511	2016/08/01 13:50		
10	201608010569	蓝娜	私房小站（盐田分店）	深圳	326	2016/08/01 17:18		
11	201608010655	沈丹丹	私房小站（顺德分店）	佛山	263	2016/08/01 17:44		

8月1日订单信息

图 4-101　输入 "=IF(IFERROR(HOUR(F2)<=13,FALSE),E2,0)"

（2）确定公式。按下【Enter】键，并使用填充公式的方式提取 14 点以前消费的消费金额信息，如图 4-102 所示。

	A	B	C	D	E	F	G	H
1	订单号	会员名	店铺名	店铺所在地	消费金额	结算时间		
2	201608010417	苗宇怡	私房小站（盐田分店）	深圳	165	2016/08/01 11:11	165	
3	201608010301	李靖	私房小站（罗湖分店）	深圳	321	2016/08/01 11:31	321	
4	201608010413	卓永梅	私房小站（盐田分店）	深圳	854	2016/08/01 12:54	854	
5	201608010415	张大鹏	私房小站（罗湖分店）	深圳	466	2016/08/01 13:08	466	
6	201608010392	李小东	私房小站（番禺分店）	广州	704	2016/08/01 13:07	704	
7	201608010381	沈晓雯	私房小站（天河分店）	广州	239	2016/08/01 13:23	239	
8	201608010429	苗泽坤	私房小站（福田分店）	深圳	699	2016/08/01 13:34	699	
9	201608010433	李达明	私房小站（番禺分店）	广州	511	2016/08/01 13:50	511	
10	201608010569	蓝娜	私房小站（盐田分店）	深圳	326	2016/08/01 17:18	0	
11	201608010655	沈丹丹	私房小站（顺德分店）	佛山	263	2016/08/01 17:44	0	

8月1日订单信息

图 4-102　提取所有 14 点以前消费的消费金额

4.5.3　AND 函数

AND 函数的功能是多个逻辑值进行交集计算，用于确定测试中所有条件是否均为 TRUE。AND 函数的使用格式如下：

AND(logical1, logical2, …)

AND 函数的常用参数及其解释如表 4-44 所示。

表 4-44　AND 函数的常用参数及其解释

参数	参 数 解 释
logical1	必需。表示第一个需要测试且计算结果可为 TRUE 或 FALSE 的条件
logical2	可选。表示其他需要测试且计算结果可为 TRUE 或 FALSE 的条件(最多 255 个条件)

在【8 月 1 日订单信息】工作表中找出消费地在深圳且消费金额大于 500 的会员，不满足条件的将返回 0 值，具体操作步骤如下：

(1) 输入公式。选择 G2 单元格，输入"=IF(AND(D2="深圳",E2>500),B2,0)"，如图 4-103 所示。

IF			fx	=IF(AND(D2="深圳",E2>500),B2,0)				
	A	B	C	D	E	F	G	H
1	订单号	会员名	店铺名	店铺所在地	消费金额	结算时间		
2	2016080101417	苗宇怡	私房小站（盐田分店）	深圳	165	2016/08/01 11:11	=IF(AND(	
3	201608010301	李靖	私房小站（罗湖分店）	深圳	321	2016/08/01 11:31	D2="深圳	
4	201608010413	卓永梅	私房小站（盐田分店）	深圳	854	2016/08/01 12:54	",E2>500)	
5	201608010415	张大鹏	私房小站（罗湖分店）	深圳	466	2016/08/01 13:08	,B2,0)	
6	201608010392	李小东	私房小站（番禺分店）	广州	704	2016/08/01 13:07		
7	201608010381	沈晓雯	私房小站（天河分店）	广州	239	2016/08/01 13:23		
8	201608010429	苗泽坤	私房小站（福田分店）	深圳	699	2016/08/01 13:34		
9	201608010433	李达明	私房小站（番禺分店）	广州	511	2016/08/01 13:50		
10	201608010569	蓝娜	私房小站（盐田分店）	深圳	326	2016/08/01 17:18		
11	201608010655	沈丹丹	私房小站（顺德分店）	佛山	263	2016/08/01 17:44		

8月1日订单信息

图 4-103　输入"=IF(AND(D2="深圳",E2>500),B2,0)"

(2) 确定公式。按下【Enter】键，并使用填充公式的方式提取所有满足条件的会员的名称，如图 4-104 所示。

▲	A	B	C	D	E	F	G	H
1	订单号	会员名	店铺名	店铺所在地	消费金额	结算时间		
2	201608010417	苗宇怡	私房小站（盐田分店）	深圳	165	2016/08/01 11:11	0	
3	201608010301	李靖	私房小站（罗湖分店）	深圳	321	2016/08/01 11:31	0	
4	201608010413	卓永梅	私房小站（盐田分店）	深圳	854	2016/08/01 12:54	卓永梅	
5	201608010415	张大鹏	私房小站（罗湖分店）	深圳	466	2016/08/01 13:08	0	
6	201608010392	李小东	私房小站（番禺分店）	广州	704	2016/08/01 13:07	0	
7	201608010381	沈晓雯	私房小站（天河分店）	广州	239	2016/08/01 13:23	0	
8	201608010429	苗泽坤	私房小站（福田分店）	深圳	699	2016/08/01 13:34	苗泽坤	
9	201608010433	李达明	私房小站（番禺分店）	广州	511	2016/08/01 13:50	0	
10	201608010569	蓝娜	私房小站（盐田分店）	深圳	326	2016/08/01 17:18	0	
11	201608010655	沈丹丹	私房小站（顺德分店）	佛山	263	2016/08/01 17:44	0	

8月1日订单信息

图 4-104　提取所有满足条件的会员的名称

4.5.4　OR 函数

OR 函数的功能是对多个逻辑值进行并集计算，用于确定测试集中的所有条件是否均为 TRUE。OR 函数的使用格式如下：

OR(logical1, logical2, …)

OR 函数的常用参数及其解释与 AND 函数一致。

在【8 月 1 日订单信息】工作表中找出消费地在深圳或消费金额大于 500 的会员，不满足条件的将返回 0 值，具体操作步骤如下：

(1) 输入公式。选择 G2 单元格，输入"=IF(OR(D2="深圳",E2>500),B2,0)"，如图 4-105 所示。

IF		× ✓ fx	=IF(OR(D2="深圳",E2>500),B2,0)					
▲	A	B	C	D	E	F	G	H
1	订单号	会员名	店铺名	店铺所在地	消费金额	结算时间		
2	201608010417	苗宇怡	私房小站（盐田分店）	深圳	165	2016/08/01 11:11	=IF(OR(	
3	201608010301	李靖	私房小站（罗湖分店）	深圳	321	2016/08/01 11:31	D2="深圳	
4	201608010413	卓永梅	私房小站（盐田分店）	深圳	854	2016/08/01 12:54	",E2>500)	
5	201608010415	张大鹏	私房小站（罗湖分店）	深圳	466	2016/08/01 13:08	,B2,0)	
6	201608010392	李小东	私房小站（番禺分店）	广州	704	2016/08/01 13:07		
7	201608010381	沈晓雯	私房小站（天河分店）	广州	239	2016/08/01 13:23		
8	201608010429	苗泽坤	私房小站（福田分店）	深圳	699	2016/08/01 13:34		
9	201608010433	李达明	私房小站（番禺分店）	广州	511	2016/08/01 13:50		
10	201608010569	蓝娜	私房小站（盐田分店）	深圳	326	2016/08/01 17:18		
11	201608010655	沈丹丹	私房小站（顺德分店）	佛山	263	2016/08/01 17:44		

8月1日订单信息

图 4-105　输入"=IF(OR(D2="深圳",E2>500),B2,0)"

(2) 确定公式。按下【Enter】键，并使用填充公式的方式返回所有满足条件的会员的名称，如图 4-106 所示。

	A	B	C	D	E	F	G	H
1	订单号	会员名	店铺名	店铺所在地	消费金额	结算时间		
2	201608010417	苗宇怡	私房小站（盐田分店）	深圳	165	2016/08/01 11:11	苗宇怡	
3	201608010301	李靖	私房小站（罗湖分店）	深圳	321	2016/08/01 11:31	李靖	
4	201608010413	卓永梅	私房小站（盐田分店）	深圳	854	2016/08/01 12:54	卓永梅	
5	201608010415	张大鹏	私房小站（罗湖分店）	深圳	466	2016/08/01 13:08	张大鹏	
6	201608010392	李小东	私房小站（番禺分店）	广州	704	2016/08/01 13:08	李小东	
7	201608010381	沈晓雯	私房小站（天河分店）	广州	239	2016/08/01 13:23	0	
8	201608010429	苗泽坤	私房小站（福田分店）	深圳	699	2016/08/01 13:34	苗泽坤	
9	201608010433	李达明	私房小站（番禺分店）	广州	511	2016/08/01 13:50	李达明	
10	201608010569	蓝娜	私房小站（盐田分店）	深圳	326	2016/08/01 17:18	蓝娜	
11	201608010655	沈丹丹	私房小站（顺德分店）	佛山	263	2016/08/01 17:44	0	

8月1日订单信息

图 4-106　返回所有满足条件的会员的名称

小结

　　本章介绍了公式与函数，包括输入公式和函数、引入单元格。着重介绍了 Excel 2016 中的日期与时间函数、数学函数、统计函数、逻辑函数的应用。其中，日期与时间函数介绍了可以提取日期和时间的 YEAR、MONTH、DAY、HOUR、MINUTE、SECOND 和 WEEKDAY 函数，可以计算日期的 DATEDIF、NETWORKDAYS、DATEVALUE、DAYS、EDATE、EOMONTH、WORKDAY 和 YEARFRAC 函数；数学函数介绍了 PRODUCT、SUM、SUMIF、QUOTIENT 函数，以及可以取整的 ROUND、INT、FLOOR、CEILING 函数；统计函数介绍了 COUNT、COUNTIF、AVERAGE、AVERAGEIF、MAX、LARGE、MIN、SMALL、MODE.SNGL、FREQUENCY 和 MEDIAN 函数；逻辑函数介绍了 IF、IFERROR、AND 和 OR 函数。

第5章 数据分析与可视化

数据可视化的目的是化抽象为具体，将隐藏于数据中的规律直观地展现出来。图表是数据可视化最重要的工具，通过点的位置、曲线的走势、图形的面积等形式，直观地呈现研究对象间的数量关系。Excel 2016 提供了多种类型的图表，供用户选择和使用。常用的类型包括柱形图、条形图、折线图、饼图、散点图和雷达图。

5.1 柱 形 图

5.5.1 柱形图简介

柱形图是以等宽柱形的高度来显示统计指标数值大小的一种图形，常用于显示一段时间内的数据变化或显示各项之间的比较情况，适用于二维数据。在柱形图中，通常沿横轴组织类别，沿纵轴组织数值，可以直观地看到各组数据差异性，强调个体之间的比较。常见的柱形图包括簇状柱形图、堆积柱形图和百分比堆积柱形图。

簇状柱形图多用于比较各个类别的值，如图 5-1 所示。

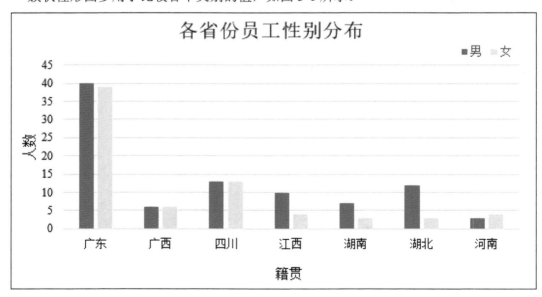

图 5-1 簇状柱形图

堆积柱形图用于显示单个项目与整体之间的关系，如图 5-2 所示。这里的所谓"堆积"就是将数据表中同一行(图表中同一横坐标值)的数据相加。

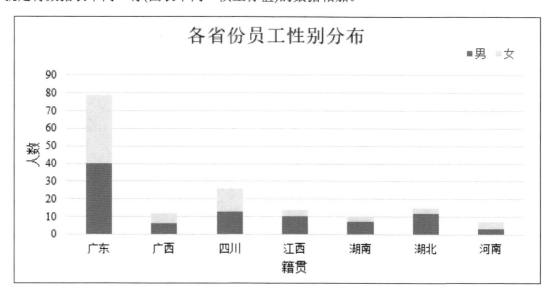

图 5-2　堆积柱形图

百分比堆积柱形图用于比较各个类别数占总类别数的百分比大小，如图 5-3 所示。同一部门上的四个年龄段的数据相加结果为 100%，然后根据所占的比例来分配各比例的颜色区域大小。

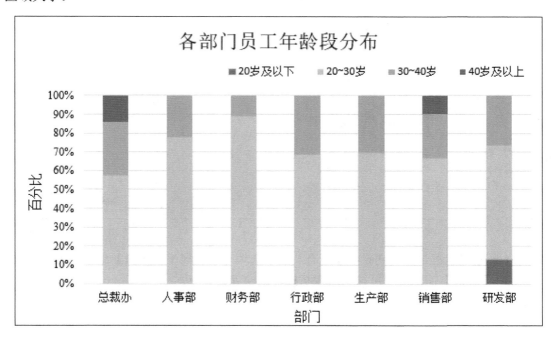

图 5-3　百分比堆积柱形图

5.1.2 簇状柱形图

利用【各省份员工性别分布】工作表绘制簇状柱形图，基本步骤如下：

(1) 进入【插入图表】对话框。选择 A1 至 C8 单元格，在【插入】选项卡的【图表】命令组中单击 图标，弹出【插入图表】对话框，如图 5-4 所示。

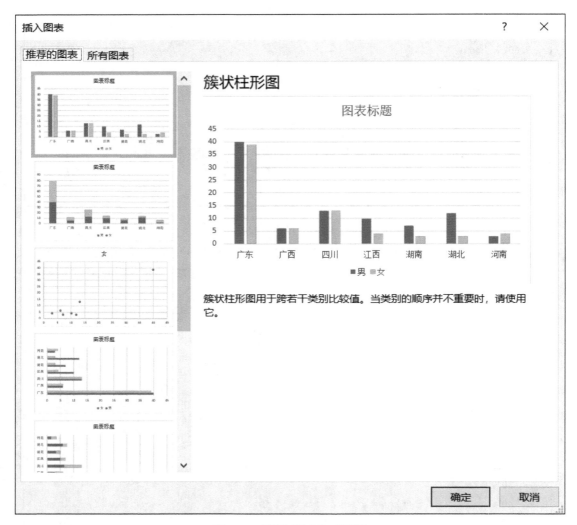

图 5-4 【插入图表】对话框

(2) 新建簇状柱形图。切换至【所有图表】选项卡，选择【柱形图】命令，如图 5-5 所示。单击【确定】按钮，即可绘制出簇状柱形图，如图 5-6 所示。

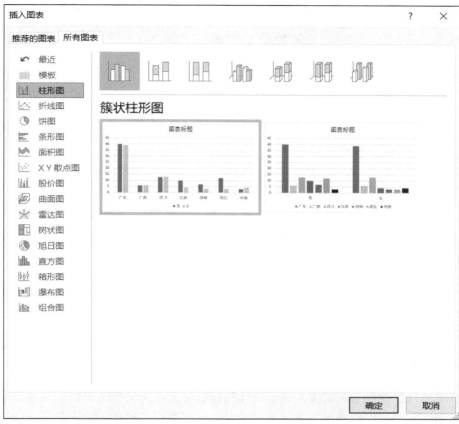

图 5-5　选择柱形图

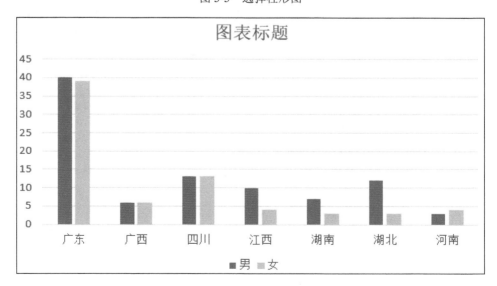

图 5-6　新建的簇状柱形图

（3）美化簇状柱形图。双击【图表标题】，将其修改为"各省份员工性别分布"，颜色为黑色；选中柱形图，单击右侧的 ⊞ 图标，在弹出的快捷菜单中勾选【坐标轴标题】选项，将横坐标修改为"籍贯",纵坐标修改为"人数";将图例至柱形图的右上角,如图 5-7 所示。

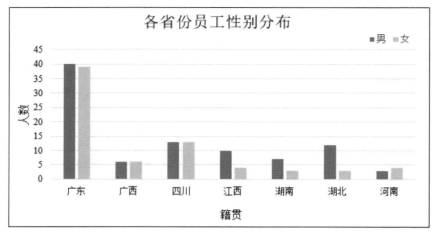

图 5-7　美化后的簇状柱形图

5.2　条　形　图

5.2.1　条形图简介

条形图是以等宽条形的长度来显示统计指标数值大小的一种图形,一般用于显示多数项目之间的比较情况。在条形图中,通常沿纵轴标记类别,沿横轴标记数值。条形图又称为横向柱形图,条形图与柱形图作用及使用场景类似。相比柱状图,条形图的优势在于能够横向布局,方便展示较长的维度项名称。在 Excel 2016 中包含了多种类型的条形图,常见的条形图包括簇状条形图、堆积条形图和百分比堆积条形图。

簇状条形图用于比较各个类别的值,如图 5-8 所示。

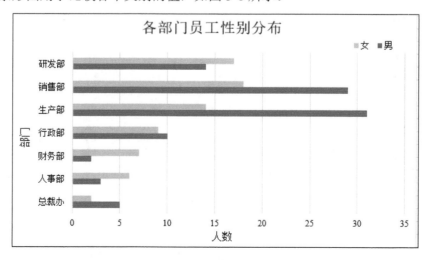

图 5-8　簇状条形图

堆积条形图用于显示单个项目与整体之间的关系，如图 5-9 所示。

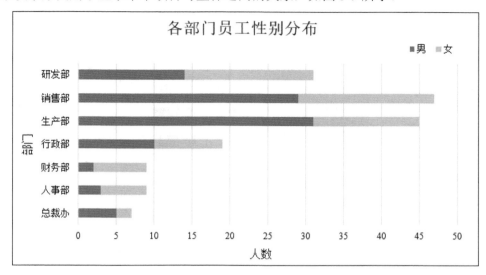

图 5-9　堆积条形图

百分比堆积条形图用于比较各个类别的每一数值所占总数值的百分比大小，如图 5-10 所示。

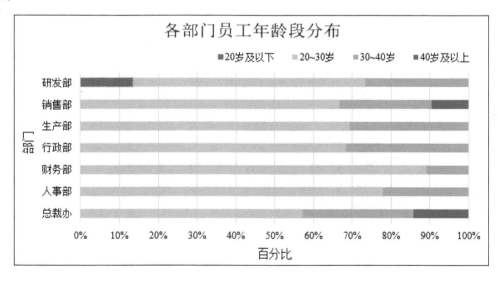

图 5-10　百分比堆积条形图

5.2.2　簇状条形图

利用【各部门员工性别分布】工作表绘制簇状条形图，基本步骤如下：

(1) 新建簇状条形图。选择 A1 至 C8 单元格，在【插入】选项卡的【图表】命令组中单击 图标，弹出【插入图表】对话框。切换至【所有图表】选项卡，选择【条形图】命令，如图 5-11 所示。单击【确定】按钮，即可绘制簇状条形图，如图 5-12 所示。

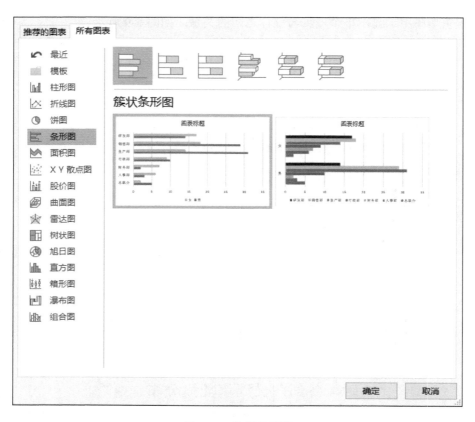

图 5-11　选择条形图

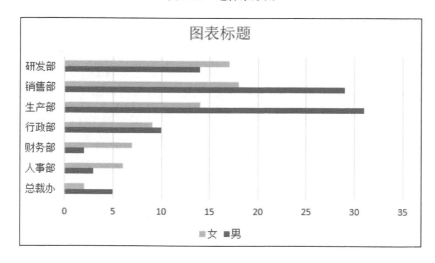

图 5-12　新建的簇状条形图

(2) 美化簇状条形图。双击【图表标题】，将其修改为"各 ukuy 员工性别分布"，颜色为黑色；选中条形图，单击右侧的 ✚ 图标，在弹出的快捷菜单中勾选【坐标轴标题】选项，并将横坐标修改为"人数"，纵坐标修改为"部门"；将图例至条形图的右上角，如图 5-13 所示。

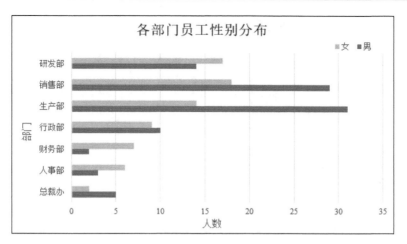

图 5-13 美化后的簇状条形图

5.3 折 线 图

5.3.1 折线图简介

折线图是用直线段连接各数据点构成的图形，以折线方式显示了数据的变化趋势，通常沿横轴标记类别，沿纵轴标记数值。折线图可以显示随时间(根据常用比例设置)而变化的连续数据，因此非常适用于显示在相等时间间隔下数据的趋势。在折线图中，类别数据沿水平轴均匀分布，所有数值沿垂直轴均匀分布。常见的折线图包括基础折线图、堆积折线图和百分比堆积折线图。

基础折线图常用于显示数据随时间或有序类别而变化的趋势，可以很好地表现出数据是递增还是递减，增减的速率，增减的规律(周期性、螺旋性等)，峰值等特征，如图 5-14 所示。

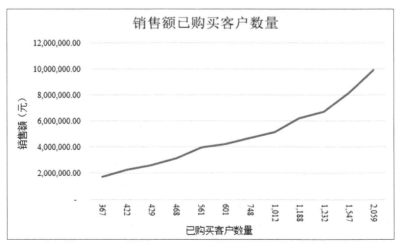

图 5-14 基础折线图

堆积折线图能够将统一时期的数据累加以及总和的发展趋势体现出来，如图 5-15 所示。

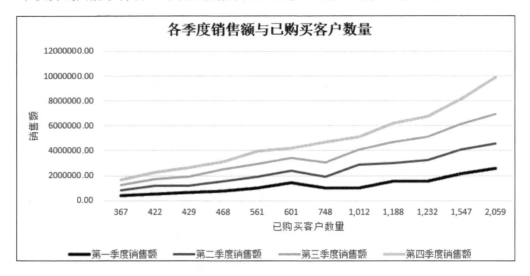

图 5-15　堆积折线图

百分比堆积折线图用于显示每一数值所占百分比随时间或有序类别而变化的趋势，如图 5-16 所示。

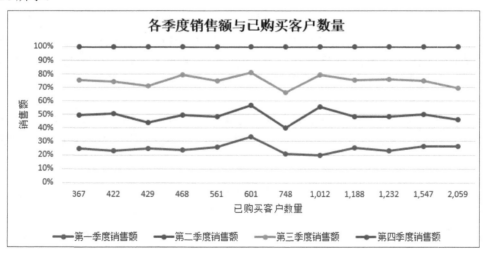

图 5-16　百分比堆积折线图

5.3.2　基础折线图

利用【销售任务完成情况】工作表绘制基础折线图，基本步骤如下：

(1) 新建基础折线图。对【已购买客户数量】列，按照升序进行排序，选择 E2:E13 单元格。在【插入】选项卡的【图表】命令组中单击 图标，弹出【插入图表】对话框。切换至【所有图表】选项卡，选择【折线图】命令，如图 5-17 所示。单击【确定】按钮，即可绘制基础折线图，如图 5-18 所示。

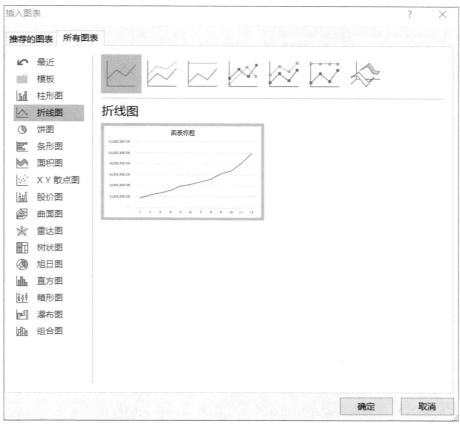

图 5-17　选择折线图

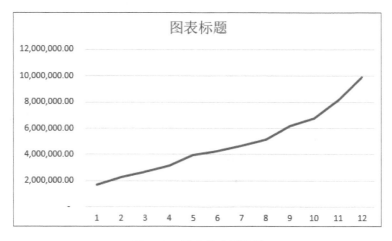

图 5-18　新建基础折线图

(2) 美化基础折线图。双击【图表标题】，将其修改为"销售额与已购买客户数量"，颜色为黑色；选中折线图，右击【选择数据】，单击【水平(分类)轴标签】下的【编辑】，选择【轴标签区域】为 D2:D13 单元格，将数据引入更新横坐标；接着单击右侧的⊞图标，在弹出的快捷菜单中勾选【坐标轴标题】选项，并将横坐标轴标题改为"已购买客户数量"，纵坐标轴标题改为"销售额(元)",如图 5-19 所示。

图 5-19　美化后的折线图

5.4　饼　　图

5.4.1　饼图简介

　　饼图常用于显示一个数据系列中各项的大小与各项总和的比例,通常用一个完整的圆来表示数据对象的全体,其中扇形面积表示各个组成部分的大小。饼图主要用于总体中各组成部分所占比重的研究,适用于一个维度各项指标占总体的占比情况、分布情况,能直观显示各项目和总体的占比、分布,强调整体和个体间的比较。常见的饼图包括基础饼图、子母饼图和圆环图。

　　基础饼图中的数据点显示为整个饼图的百分比,如图 5-20 所示。

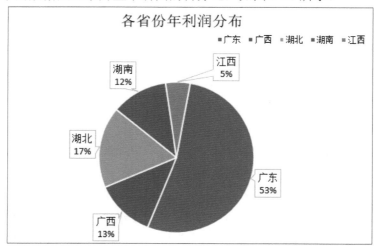

图 5-20　基础饼图

子母饼图可以展示各个大类以及某个主要分类的占比情况，如图 5-21 所示。

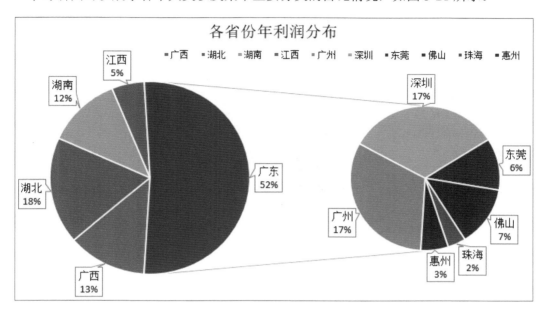

图 5-21　子母饼图

圆环图在圆环中显示数据，其中每个圆环代表一个数据系列，如图 5-22 所示。

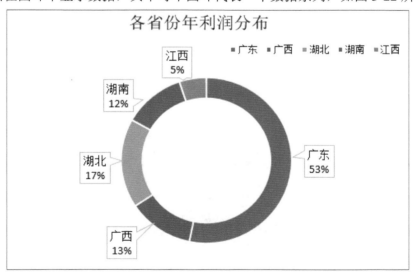

图 5-22　圆环图

5.4.2　基础饼图

利用【省份利润】工作表绘制基础饼图，基本步骤如下：

(1) 新建基础饼图。选择 A2:B6 单元格，在【插入】选项卡的【图表】命令组中单击　　图标，弹出【插入图表】对话框。切换至【所有图表】选项卡，选择【饼图】命令，如图

5-23 所示。单击【确定】按钮，即可绘制基础饼图，如图 5-24 所示。

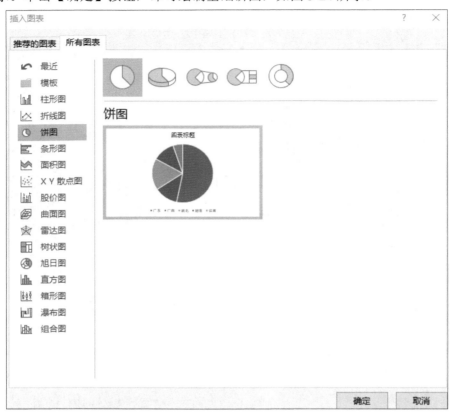

图 5-23 选择饼图

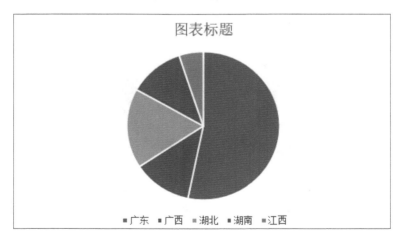

图 5-24 新建基础饼图

(2) 美化基础饼图。双击【图表标题】，将其修改为"各省份年利润分布"，颜色为黑色；单击右侧的 ⊞ 图标，在弹出的快捷菜单中勾选【数据标签】选项选择"数据标签外"，如图 5-25 所示。

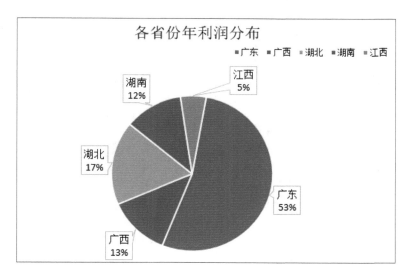

图 5-25 美化后的饼图

5.5 散 点 图

5.5.1 散点图简介

散点图将数据显示为一组点，用两组数据构成多个坐标点，通过观察坐标点的分布，判断两变量之间是否存在某种关联或总结坐标点的分布和聚合情况。散点图将序列显示为一组点，值由点在图表中的位置表示，类别由图表中的不同标记表示。散点图通常用于比较跨类别的聚合数据。常见的散点图包括基础散点图、带直线和数据标记的散点图和气泡图。

基础散点图是指在回归分析中，数据点在直角坐标系平面上的分布图，如图 5-26 所示。

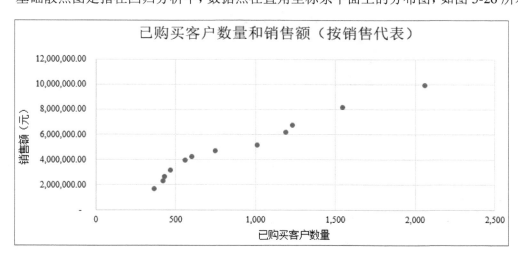

图 5-26 基础散点图

带直线和数据标记的散点图可以更清楚地表示变化的大致趋势，如图 5-27 所示。

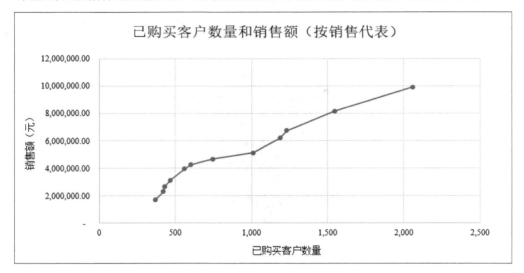

图 5-27　带直线和数据标记的散点图

气泡图是在基础散点图上添加一个维度，即用气泡大小表示一个新的维度，如图 5-28 所示。

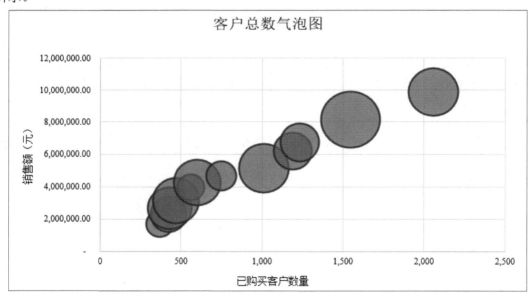

图 5-28　气泡图

5.5.2　基础散点图

利用【销售任务完成情况】工作表绘制基础散点图，基本步骤如下：

(1) 新建基础散点图。选择 D2:E13 单元格，在【插入】选项卡的【图表】命令组中单击 图标，弹出【插入图表】对话框。切换至【所有图表】选项卡，选择【散点图】命令，如图 5-29 所示。单击【确定】按钮，即可绘制基础散点图，如图 5-30 所示。

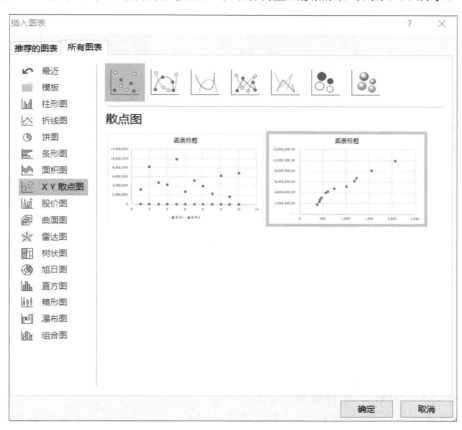

图 5-29　选择散点图

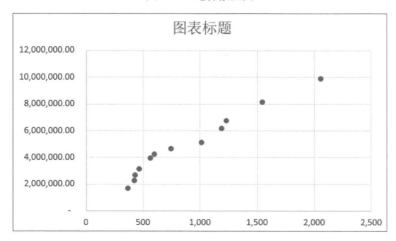

图 5-30　新建基础散点图

(2) 美化基础散点图。双击【图表标题】，将其修改为"已购买客户数量和销售额(按销售代表)"，颜色为黑色；单击右侧的 ➕ 图标，在弹出的快捷菜单中勾选【坐标轴标题】，将横坐标轴标题改为"已购买客户数量"，纵坐标轴标题改为"销售额(元)"，如图 5-31 所示。

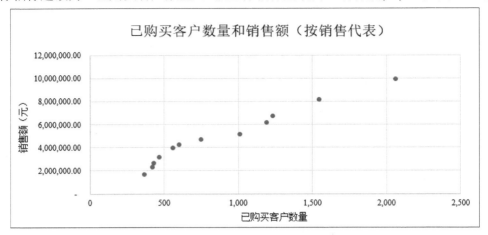

图 5-31　美化后的散点图

5.6　雷　达　图

5.6.1　雷达图简介

雷达图又称戴布拉图、蜘蛛网图。雷达图将多个维度的数据映射到坐标轴上，这些坐标轴起始于同一个圆心点，通常结束于圆周边缘，将同一组的点用线连接起来就成为了雷达图。雷达图把纵向和横向的分析比较方法结合起来，可以展示出数据集中各个变量的权重高低情况，非常适用于展示性能数据，常见的雷达图包括基础雷达图、带数据标记的雷达图和填充雷达图。

基础雷达图不仅对于查看哪些变量具有相似的值、变量之间是否有异常值都很有用，而且可用于查看哪些变量在数据集内得分较高或较低，如图 5-32 所示。

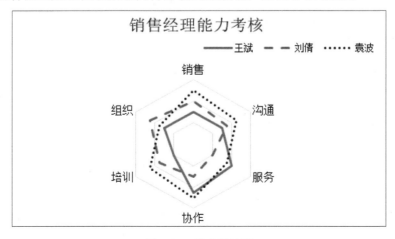

图 5-32　基础雷达图

带数据标记的雷达图在基础雷达图的基础上更加清晰地展示了各种性能数据的高低情况，如图 5-33 所示。

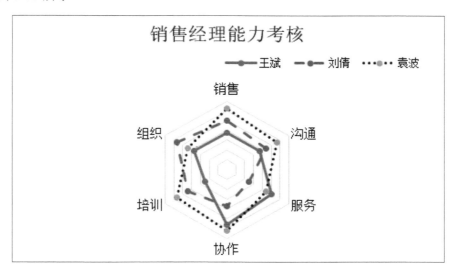

图 5-33 带数据标记的雷达图

填充雷达图通过面积显示数据，更易观察各类性能数据中的最大值，如图 5-34 所示。

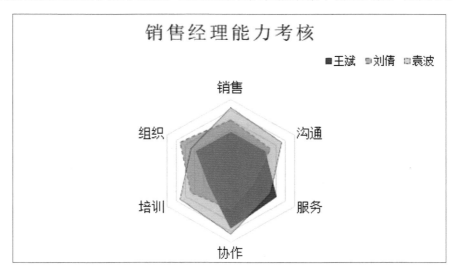

图 5-34 填充雷达图

5.6.2 基础雷达图

利用【销售经理能力考核】工作表绘制基础雷达图，基本步骤如下：

(1) 新建基础雷达图。选择 D2:E13 单元格，在【插入】选项卡的【图表】命令组中单击 图标，弹出【插入图表】对话框。切换至【所有图表】选项卡，选择【雷达图】命令，如图 5-35 所示。单击【确定】按钮，即可绘制基础雷达图，如图 5-36 所示。

图 5-35 选择雷达图

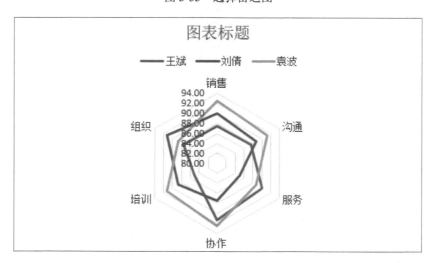

图 5-36 新建基础雷达图

(2) 美化基础雷达图。双击【图表标题】，将其修改为"销售经理能力考核"，颜色为黑色；单击右侧的 图标，在弹出的快捷菜单中，取消勾选【坐标轴】，如图 5-37 所示。

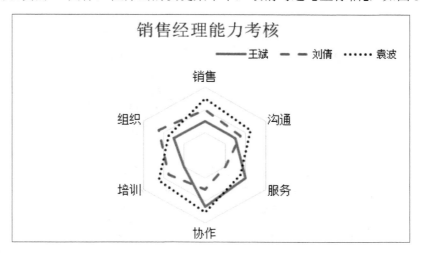

图 5-37　美化后的基础雷达图

小结

　　本章介绍了常见的柱状图，包了簇状柱形图、堆积柱形图和百分比堆积柱形图；条形图，包括簇状条形图、堆积条形图和百分比堆积条形图；折线图，包括基础折线图、堆积折线图和百分比堆积折线图；饼图，包括基础饼图、子母饼图和圆环图；散点图，包括基础散点图、带直线和数据标记的散点图、气泡图；雷达图，包括基础雷达图、带数据标记的雷达图和填充雷达图。

第6章　全国汽车销量可视化项目
——目标与数据准备

　　随着我国经济的增长和居民生活水平的提高，家庭汽车成为了人们当前的主要大宗消费之一。从制造汽车企业的汽车销售情况出发，分析、统计和汇总有关汽车销售数据，可以从中了解我国汽车行业的发展情况和汽车的消费水平。本章主要介绍全国汽车销量可视化项目背景，以及如何使用 TipdmBI 数据分析和可视化平台进行项目的数据准备。

6.1　了解项目的背景与目标

　　随着我国汽车的普及，汽车生产企业用数据和图形来了解用户的需求，把握市场的走向和趋势，成为企业决策的主要手段。分析用户预算的水平，了解用户喜欢的车类、车型和级别等汽车产品情况，是改善企业生产、做好产销两旺和提高服务水平的重要方法。

6.1.1　分析项目背景

　　自 2010 年以来，我国汽车(只指小汽车)告别了 2000—2010 年的十年高速增长期，转而进入稳健增长时期。随着汽车的逐渐普及，我国汽车保有量提升空间仍然极为广阔。然而，从 2020 年 2 月中国汽车工业协会公布的产销数据中可知，2019 年汽车产销同比均出现了下降。

　　根据市场的情况，制订正确的销售决策，成为汽车制造企业关注的热点。企业的传统销售决策可以凭借长期积累的经验来决定，而随着当今世界复杂的形势，全球化经济的减缓，汽车销售的影响因素也随之增多。根据汽车销售数据的变化，做好实时数据分析，提供数据和图形并茂的汽车销售报表和图表，为汽车销售厂商提供决策数据，使得汽车行业供求平衡、产销两旺，已成为汽车工业协会和汽车厂商的必要手段。

6.1.2　熟悉项目目标

　　为了实现较好的数据分析，掌握汽车销售的情况，需要根据不同省份和城市的车企、车系、车型、车类、级别、预算、销售规模和销售量等数据，分析和制作数据和图形相结合的可视化决策仪表盘，具体可以分为以下三个任务：

　　(1) 建立全国汽车销量可视化分析项目的数据集。

　　(2) 设计和制作全国汽车销量可视化分析仪表盘。

　　(3) 编写项目分析报告。

6.1.3　理解项目数据

在 MySQL 数据库的 "car_selling_fact"(主流热销私家车)表中，包含了从汽车制造企业收集的全国汽车销量数据，有关字段的说明如表 6-1 所示。

表 6-1　"car_selling_fact" 表的字段说明

字段名称	类型	别名	说　明
column1	Varchar(255)	ID	记录唯一标识号
column2	Varchar(255)	车系	汽车所属的车系，如德系、美系、日系、韩系、法系和自主等
column3	Varchar(255)	车企	汽车企业名称，如吉利汽车、上海大众等
column4	Varchar(255)	车类	汽车的类别，如轿车、SUV、MPV 等
column5	Varchar(255)	品牌	汽车品牌名称，如奥德赛、起亚等
column6	Varchar(255)	车型	汽车的车型名称，如哈弗 H6、英朗等具体车型
column7	Varchar(255)	级别	汽车的级别属于行业定义，如紧凑车、中型车等
column8	Int(11)	均价	汽车销售的均价
column9	date	批售月份	汽车批售的月份
column10	Int(11)	批售销量	批发口径的销量数据(非零售)
column11	float	批售规模	销量与均价相乘估算的销售规模
column12	Varchar(255)	总部省份	汽车制造企业所在的省份
column13	Varchar(255)	总部城市	汽车制造企业所在的城市

表 6-1 包含了各车企的数据。但是，划分不同主题的报表和进行可视化分析，仍需要对数据进行拆分、统计和聚合计算等操作。

6.1.4　可视化分析制作流程

在 Excel 中，利用 TipdmBI 平台的数据集数据进行可视化分析的制作流程，如图 6-1 所示。

可视化分析制作主要步骤如下：

(1) 登录和获取数据集。安装 TipdmBI 平台的 Excel 插件，在 Excel 插件中设置访问 TipdmBI 平台服务器的地址、用户名和密码(具体操作详见 1.3 小节)，登录成功后获取数据集，然后设计和制作可视化仪表盘。

(2) 制作仪表盘。设计和制作仪表盘背景图，选择和获取数据集数据，分项制作图形，进行仪表盘布局等操作。

(3) 文件预览和发布。对制作的报表图表和仪表盘文件进行保存和预览，并发布到 TipdmBI 服务器上，以便在计算机、平板电脑和手机上浏览观看。

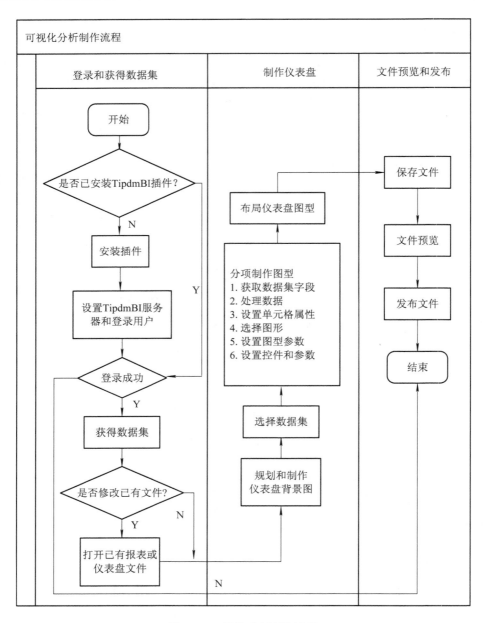

图 6-1　可视化分析制作流程

6.2　项目数据准备

为了进行项目的可视化分析，需要从 TipdmBI 平台中获取全国汽车销量分析的数据，从数据中分析业务主题，建立业务主题名称与对象，并定义业务参数和创建项目的数据集。

6.2.1　获取项目数据

当需要获取项目数据时，需要先建立数据连接。建立数据连接，顾名思义，是建立与数据库的连接，以便获取数据库中的数据。单击 TipdmBI 平台主界面的 图标，弹出【数据连接】菜单，如图 6-2 所示。数据连接采用树形菜单的方式，通过菜单建立子目录，并建立连接不同数据源的数据库，从而展示数据库表、视图、字段等对象。

图 6-2　【数据连接】功能界面

建立连接、获取数据库表和修改数据字段的步骤如下：

（1）了解树形菜单和快捷菜单。单击树形菜单的【数据连接】对象，表示定位选择【数据连接】对象，如图 6-3 所示。单击【数据连接】对象前的箭头图标，可以展开/折叠【数据连接】对象的内容。单击【数据连接】对象右边的 图标，弹出快捷菜单，如图 6-4 所示，用户可以通过选择快捷菜单的选项，完成下一步的操作。需要注意的是，不同的对象其快捷菜单的选项将会不同。

图 6-3　定位选择【数据连接】对象

图 6-4　树形菜单对象的快捷菜单

(2) 建立数据连接。以 MySQL 数据库为例，单击图 6-2所示的 图标，弹出【新建关系数据源】对话框，设置连接 MySQL 数据库的连接参数，其中【名称】【驱动程序类型】【驱动程序类】【连接字符串】为必填项，【用户名】【密码】需要根据数据库实际情况设置。设置【名称】为 "CAR"、【别名】为 "全国汽车销量分析" 的 MySQL 数据库数据源如图 6-5 所示。

图 6-5　【新建关系数据源】对话框参数设置

单击【测试连接(T)】按钮，测试数据库连接成功后，单击【保存(S)】按钮。弹出【保存数据源】对话框，如图 6-6 所示，双击选择【Demo 数据源】目录保存，在【数据连接】对象的目录树下，将会出现 "全国汽车销量分析" 对象。

图 6-6　【保存数据源】对话框

(3) 获取数据库表。在【数据连接】对象的目录树下，选择新建的 "全国汽车销量分析" 对象，单击右边的 图标，弹出快捷菜单，如图 6-7 所示。单击【数据库管理(S)】选项，弹出【数据库管理】对话框，从【可用数据库资源】选项框中选择 "主流热销私家车(car_selling_fact)"，并移至【已选数据库资源】选项框中，如图 6-8 所示，单击【保存(S)】按钮，保存选择的数据库表。此时在 "全国汽车销量分析" 对象中展示的内容如图 6-9 所示。

图 6-7　"全国汽车销量分析"数据源快捷菜单

图 6-8　【数据库管理】对话框中数据库表的设置

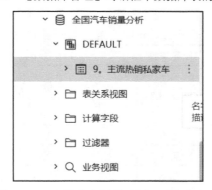

图 6-9　"全国汽车销量分析"对象的内容

(4) 修改字段名称和类型。单击"主流热销私家车"对象右边的 ⋮ 图标，在弹出的快捷菜单中选择【打开(O)】选项。弹出"主流热销私家车"数据库表修改对话框，可以对"主流热销私家车"数据库表字段的【字段别名】【数据类型】【数据格式】进行修改，修改后如图 6-10 所示。单击【保存(S)】按钮，保存有关修改。

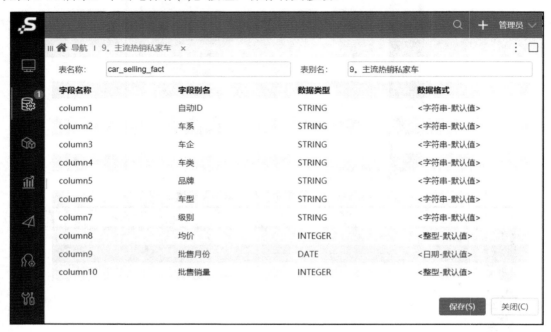

图 6-10 修改"主流热销私家车"表字段名称和类型

6.2.2 建立项目业务主题

根据业务分析的需要将数据源中的表、视图等主体封装成不同的业务主题，获取业务主题的字段数据或对字段进行处理(如对字段进行改名或拆分)、生成新的字段、对某些数据字段进行聚合计算等，方便进行报表制作和可视化分析。

1. 分析项目业务主题

根据业务需求对"car_selling_fact"表字段的数据进行分析，创建业务主题对象，其说明如表 6-2 所示。

表 6-2 创建业务主题对象说明

名称	属性	是否新建	原始字段	新建属性说明	作 用
时间	年	是	批售月份	从"批发月份"字段中拆分出年、季、月	便于按照时间进行统计、查询、钻取
	季	是			
	月	是			
产品	车系	否	车系	无	便于展示汽车产品的属性
	品牌	否	品牌	无	
	车型	否	车型	无	
	车企	否	车企	无	

续表

名称	属性	是否新建	原始字段	新建属性说明	作　用
企业	省份	是	总部省份	无	便于对各省份和城市的车企进行分析
	城市	是	总部城市	改变名称	
指标	车型数	是	车型	根据"车型"字段进行计数	便于获取汽车的各类指标数据
	销售量	是	批发销售	由"批发销售"字段重命名	
	车均价	是	均价	根据"均价"字段求平均值	
	销售规模	是	批售规模	销售规模等于销量与均价相乘的乘积	
需求	车类	否	车类	无	便于根据需求进行报表和可视化分析
	级别	否	级别	无	
	预算	是	无	来源于"指标"中的"车均价"字段。按照车均价定义的价格区间划分： (1) 8 万左右：10 万以下； (2) 13 万左右：10～15 万； (3) 18 万左右：15～20 万； (4) 25 万左右：20～30 万； (5) 30 万左右：30 万以上	
	热度	是	无	来源于"指标"中的"销售量"。按照销售量定义的销售量区间划分： (1) 0～1 万台：10 000 以下； (2) 1～2 万台：10 000～20 000； (3) 2～3 万台：20 000～30 000； (4) 3 万台以上：30 000 以上	

说明：表中"原始字段"是指来源于"car_selling_fact"表的字段。

2．建立项目业务主题名称

单击图 6-10 所示的 🎁 图标，在展示的工作区中单击 **业务主题** 图标。在工作区中，展示建立业务主题界面，如图 6-11 所示。在图 6-11 所示的表格中，采用树形结构展示了有关业务主题和业务实体，用户可通过选择业务主题或业务实体，对其进行操作。

图 6-11　建立业务主题界面

建立业务主题名称的步骤如下：

(1) 选择业务主题的数据源。单击 新建业务主题 按钮，弹出【选择数据源】对话框，选择"全国汽车销量分析"数据源，如图 6-12 所示。

图 6-12　【选择数据源】对话框

(2) 输入业务主题名称。单击【确定(O)】按钮，在弹出的【业务主题设置】对话框中设置【主题名】和【主题别名】，如图 6-13 所示。

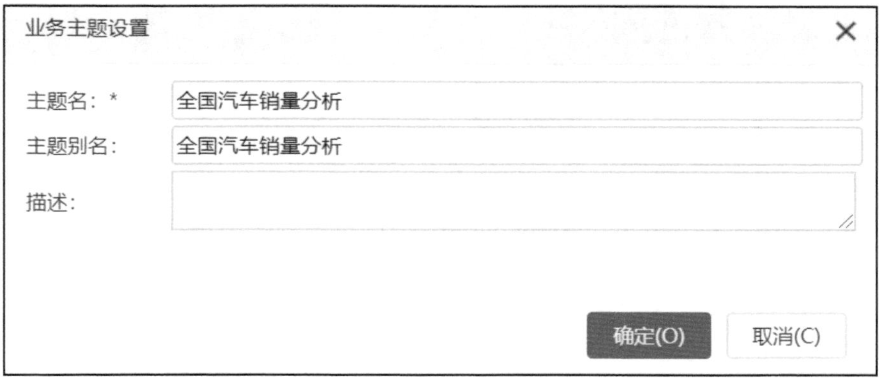

图 6-13　【业务主题设置】对话框

(3) 输入业务主题有关信息的操作界面。单击【确定(O)】按钮,展示建立业务主题操作界面,如图 6-14 所示。单击右下角的【保存(S)】按钮,即可保存名称为"全国汽车销量分析"的业务主题。

图 6-14　建立业务主题名称

3. 建立项目业务主题对象

建立"时间""企业""产品""指标""需求"等业务主题对象步骤如下:

(1) 创建"时间"业务主题对象。

右键单击图 6-14 所示的【属性区】选项卡的工作区空白处,在弹出的快捷菜单中选择【新建业务对象(O)】菜单项,在业务对象输入区中新建"时间"业务对象。【名称】【别名】均设置为"时间",【描述】设置为"年份、季度、月份",单击【确定(O)】按钮。在【属性区】选项卡的工作区展示"时间"业务对象,如图 6-15 所示。

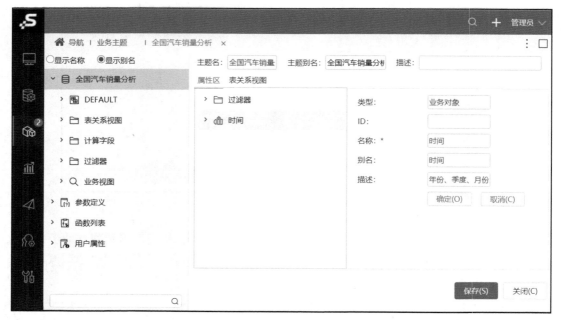

图 6-15 新建"时间"业务主题操作界面

依次单击【全国汽车销量分析】→【DEFAULT】→【主流热销私家车】表,将"批售月份"字段拖曳到【属性区】选项卡工作区"时间"业务对象上。移动鼠标到"批售月份"字段并单击右边的 ⫶ 图标,在弹出的快捷菜单中依次单击【生成时间层次】→【年季月】选项,如图 6-16 所示。在弹出的【提示信息】对话框中单击【确定(O)】按钮。

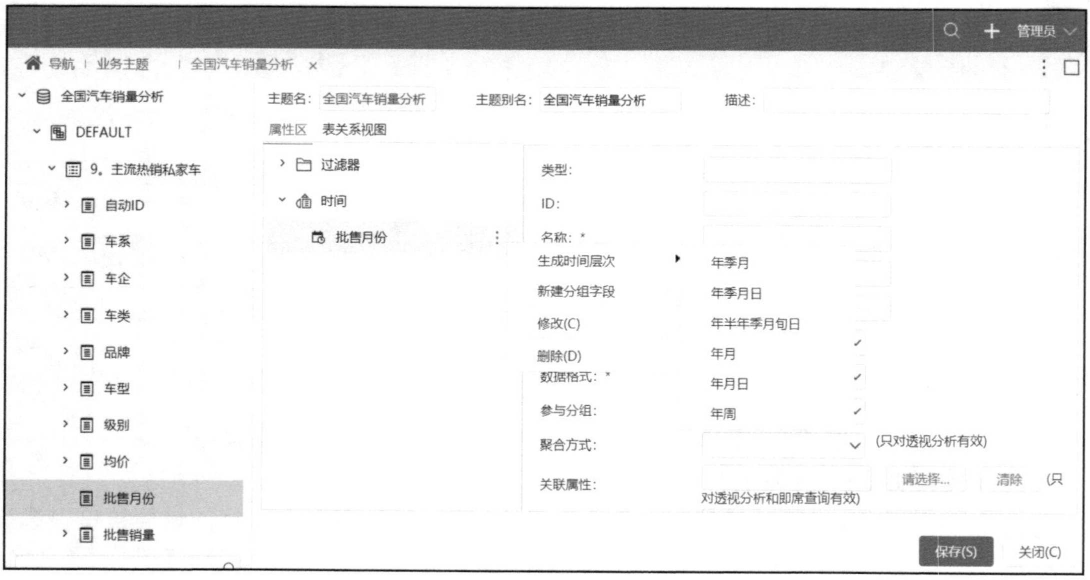

图 6-16 从"批售月份"字段生成新的字段快捷菜单

此时，【属性区】选项卡工作区的"时间"业务对象下面依次生成新的"年""季""月"字段，这些字段均是由"批售月份"字段生成的，如图 6-17 所示。移动鼠标到"年"字段并单击右边的 ⋮ 图标(图标在鼠标移动到"年"字段所在的位置时才显示)，在弹出的快捷菜单中选择【修改(C)】选项，修改"年"属性内容，【别名】设置为"年份"，其他采用默认值。采用类似的操作，将"季"的【别名】设置为"季度"，"月"的【别名】设置为"月份"，并保存。单击"批售月份"字段右边的 ⋮ 图标，删除该字段并保存设置，即可完成"时间"业务主题对象创建，以便选择不同的时间来钻取数据。单击【表关系视图】选项卡，可以展示"主流热销私家车"表的字段。

图 6-17　【属性区】选项卡工作区的业务对象和字段

(2) 创建"企业"业务主题对象。

单击【属性区】选项卡工作区的空白处，在弹出的快捷菜单中选择【新建业务对象(O)】菜单项，在业务对象输入区中新建"企业"业务对象，【名称】【别名】均设置为"企业"，【描述】设置为"车企总部所在省份和城市"。

展开【主流热销私家车】表，分别将"总部省份""总部省份"字段拖曳到【属性区】选项卡工作区"企业"业务对象上，保存设置，即可完成"企业"业务主题对象创建。

(3) 创建"产品"业务主题对象。

将【主流热销私家车】表拖曳到【属性区】选项卡工作区中，依次单击拖曳到工作区的"主流热销私家车"业务对象右边的 ⋮ 图标(图标在鼠标移动到"主流热销私家车"字段所在的位置时才显示)→【修改(C)】选项，在弹出的业务对象输入区中将【别名】设置为"产品"，【描述】设置为"车系、品牌和车企、车型"，单击【确定(O)】按钮保存修改。此时即可将【属性区】选项卡的工作区中原来的【主流热销私家车】业务对象名称改为"产品"，如图 6-18 所示。

图 6-18   【属性区】选项卡的工作区的"产品"业务对象

单击"产品"业务对象前面的箭头，展开"产品"业务对象的属性，其属性为【主流热销私家车】表的所有字段，保留"车系""品牌""车型""车企"字段，删除其他字段并保存设置，此时即可完成"产品"业务主题对象的创建。

(4) 创建"指标"业务主题对象。

单击【属性区】选项卡的工作区空白处，在弹出的快捷菜单中选择【新建业务对象(O)】菜单项，在业务对象输入区中新建"指标"业务对象，【名称】【别名】均设置为"指标"，【描述】设置为"车型数、销售量等"。

将【主流热销私家车】表的"车型""均价""批售销量""批售规模"字段分别拖曳到【属性区】选项卡的工作区"指标"业务对象上，并修改这些字段属性，如表 6-3 所示。

表 6-3   修改"指标"业务对象的字段属性

原名称	名称	别名	数据类型	数据格式	聚合方式	表达式
车型	车型数	车型数	整型	整型-默认值	唯一计数	车型
均价	车均价	车均价	整型	整型-默认值	平均值	均价
批售销量	销售量	销售量	整型	整型-默认值	无	批售销量
批售规模	销售规模	销售规模	浮点数	浮点型-默认值	无	批售规模

修改后保存有关设置，此时即可完成"指标"业务主题对象的创建。

(5) 创建"需求"业务主题对象。

依照创建"时间"业务主题对象的方法新建"需求"业务对象，【名称】【别名】均设置为"需求"，【描述】设置为"购车预算段、热销程度等"。

将【主流热销私家车】表的"车类""级别"字段分别拖曳到【属性区】选项卡的工作区"需求"业务对象上，并修改字段属性，如图 6-19 所示。

图 6-19　【属性区】选项卡工作区的"需求"业务对象

右键单击"需求"业务对象，在弹出的快捷菜单中选择【新建业务属性(A)】选项，在弹出的业务属性输入区中分别新建"预算""热度"业务属性字段，有关设置如表 6-4 所示。在【表达式】输入框中，车均价、销售量是业务属性字段，分别来源于"指标"业务对象下的"车均价""销售量"业务属性字段。在编辑表达式时，需要注意不能直接键盘输入，必须通过拖曳的方式输入，具体办法为：展开【属性区】选项卡工作区的"指标"业务对象，分别拖曳"车均价""销售量"业务属性字段到【表达式】输入框所在的位置中。

表 6-4　"预算""热度"业务属性字段设置

名称	别名	描述	数据类型	表达式
价格区间	预算	8 万左右表示 10 万以下，13 万左右表示 10～15 万区间	字符串	(case when 车均价<10 then 8 when 车均价>=10 and 车均价<=15　then 13 when 车均价>15　and 车均价<=20　then 18 when 车均价>20 and 车均价<30　then 25 when 车均价>=30　then　30 end)
热度	热度	根据销售量分段，以万台分段	字符串	(case when 销售量< 10000 then '0-1 万台' when 销售量>=10000 and 销售量<=20000　then '1-2 万台' when 销售量>=20000 and 销售量<30000 then '2-3 万台' when 销售量>= 30000 then '3 万台以上' end)

修改后保存有关设置，此时即可完成"需求"业务主题对象的创建，同时也完成了项目所有业务主题和属性字段的设置。

4. 定义项目业务参数

参数是报表查询时的筛选条件，用户通过改变参数查询条件值来改变报表的数据。在报表查询中，往往需要输入时间、区域和类型等限定范围的变量值来查询符合限定范围的数据，这些限定范围的变量称为参数。在"全国汽车销量分析"项目中，需要定义的参数有年、季、月，以及区域性省份等。

(1) 定义"年份"参数。

依次单击【业务主题】→"全国汽车销量分析"→"时间"→"年份"。右键单击"年份"业务属性，弹出快捷菜单，如图 6-20 所示。

图 6-20 业务属性的快捷菜单

单击快捷菜单的【生成参数(G)】选项，弹出【提示信息】对话框，显示生成参数成功，单击【提示信息】对话框的【确定(O)】按钮，生成名称为"年份"的参数，如图 6-21 所示。

单击"年份"参数右边的 ⋮ 图标，在快捷菜单中选择【打开(O)】选项，展示【年份】选项卡界面，如图 6-22 所示。参数有多个设置项，需要分三步进行修改，用户可以通过单击【上一步(P)】【下一步(N)】按钮选择修改，修改完成单击【保存(S)】按钮保存参数；不修改则可直接单击【关闭(C)】按钮退出。将【参数别名】设置为"年份"，【数据类型】设置为"字符串"，【控件类型】设置为"列表对话框"，其他采用默认值。

对数据源中的表、视图等主体，根据业务分析的需要封装成不同的业务主题

输入你想要搜索的内容

新建业务主题

新建文件夹　　刷新

名称	类型	描述	创建人	创建时间	常用操作
产品	业务对象	车系、品牌和车企、车型	管理员	2020-07-04 22:25:1	
企业	业务对象	车企总部所在省份和城市	管理员	2020-07-04 21:35:5	
时间	业务对象	年份、季度、月份	管理员	2020-07-04 20:56:3	
年份	业务属性	年	管理员	2020-07-04 21:38:0	
[?]年份	参数		管理员	2020-07-06 13:38:1	
季度	业务属性	季	管理员	2020-07-04 21:38:0	
月份	业务属性	月	管理员	2020-07-04 21:38:0	
需求	业务对象	购车预算段、热销程度等	管理员	2020-07-04 23:09:4	
指标	业务对象	车型数、销售量等	管理员	2020-07-04 22:31:3	
公共空间	公有文件夹	公共空间	管理角色	2019-08-06 18:28:0	
讨滤器	讨滤器	讨滤器	管理员	2020-06-10 20:24:4	

图 6-21　生成"年份"参数

导航 ｜ 业务主题　｜ 年份　✕

参数名称：*	年
参数别名：	年份
描述：	
数据类型：	字符串
控件类型：	列表对话框
标题宽度：	
参数宽度：*	175
对话框宽度：*	800
对话框高度：*	520

上一步(P)　　下一步(N)　　保存(S)　　关闭(C)

图 6-22　修改参数界面

单击【下一步(N)】按钮，进入继续修改参数的界面，如图 6-23 所示。单击 🔍 图标，弹出【预览数据】对话框，预览到"年份"参数的值，如图 6-24 所示，这些值是执行 SQL 语句获取的数值。单击图 6-23 所示【保存(S)】按钮，保存参数修改，此时完成"年份"参数的定义。

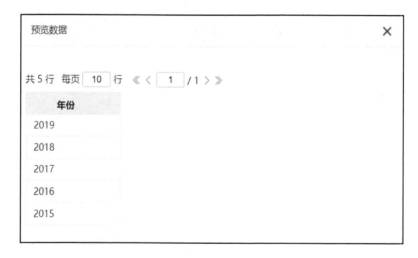

图 6-23　继续修改参数的界面

图 6-24　【预览数据】对话框

(2) 定义"季度"参数。

采用类似定义"年份"参数的方法，完成定义"季度"参数。

(3) 定义"月份"参数。

采用类似定义"年份"参数的方法，完成定义"月份"参数。

(4) 定义"车系"参数。

单击图 6-21 所示的"产品"业务对象，展开业务属性。右键单击"车系"业务属性，在弹出的快捷菜单中选择【生成参数(G)】选项，生成"车系"的参数。打开【车系】选项卡，修改"车系"参数。勾选【允许多选】选项，如图 6-25 所示，单击【保存(S)】按钮保存参数修改，此时完成"车系"参数的定义。

图 6-25　修改"车系"参数界面

(5) 定义"省份"参数。

在业务主题界面中，展开"企业"业务对象的"省份"业务属性，生成"省份"参数，打开【省份】选项卡，修改"省份"参数。其中，【备选值设置】设置为"SQL"，如图 6-26 所示，即使用 SQL 语句获取"省份"参数的值。

图 6-26　修改"省份"参数界面

在 SQL 输入框中输入 SQL 语句如下：

select distinct 省份 from 　9。主流热销私家车

在 SQL 语句输入框中，省份是"省份"业务属性对象；"9。主流热销私家车"是"car_selling_fact"表的别名，可通过拖曳"全国汽车销量分析"数据源中的"9。主流热销私家车"表名至 SQL 输入框中获取。单击【下一步(N)】按钮，将【备选值_实际值】设置为"省份"，【备选值_显示值】设置为"省份"，单击【保存(S)】按钮保存参数修改，此时完成"省份"参数的定义。

(6) 定义"车类"参数。

采用类似定义"车系"参数的方法，在"需求"业务对象中完成 "车类"参数的定义。

(7) 定义"车型数"参数。

在业务主题界面中，依次展开"全国汽车销量分析"→"指标"→"车型数"，生成"车型数"参数，打开【车型数】选项卡，修改"车型数"参数。参数有多个设置项，需要分两步进行修改，用户可以通过单击【上一步(P)】【下一步(N)】按钮选择修改。其中，勾选【手工输入】选项，其他设置采用默认值，保存参数修改，此时完成"车型数"参数的定义。

(8) 定义"价格档"参数。

在业务主题界面中，依次展开"全国汽车销量分析"→"指标"→"车均价"，生成"车均价"参数，打开【车均价】选项卡，修改"车均价"参数。其中，【别名】设置为"价格档"，并勾选【手工输入】选项，其他设置采用默认值，保存参数修改，此时完成"价格档"参数的定义。

(9) 定义"销量"参数。

在业务主题界面中，依次展开"全国汽车销量分析"→"指标"→"销售量"，生成"销售量"参数，打开【销售量】选项卡，修改"销售量"参数。其中，【别名】设置为"销量"，并勾选【手工输入】选项，其他设置采用默认值，保存参数修改，此时完成"销量"参数的定义。

(10) 定义"份额"参数。

在业务主题界面中，依次展开"全国汽车销量分析"→"指标"→"销售规模"，生成"销售规模"参数，打开【销售规模】选项卡，修改"销售规模"参数。其中，【别名】设置为"份额"，并勾选【手工输入】选项，其他设置采用默认值，保存参数修改，此时完成"份额"参数的定义，也完成了整个项目业务参数的定义。

6.2.3 创建项目数据集

报表和可视化图形都需要基于数据进行分析和制作。TipdmBI 平台的数据集是指用于报表或可视化图形而定义的数据集合，一个项目可以有多个数据集。数据集是定义报表和图形的基础，基于数据集可以进行透视分析、制作 ECharts 图形和设计电子表格等。在操作过程中，用户可以采用图形化的拖曳方式，拖曳数据集或数据集字段，获取数据库的数据。数据集的字段可以是数据源的数据库表的字段，也可以是业务主题中业务对象的业务属性、条件和参数等。可以说，数据集是抽象的、使用图形化操作构成的 SQL 语句。数据集的种类主要包含可视化数据集、原生 SQL 数据集、SQL 数据集、自助数据集、存储过程数据集、多维数据集、Java 数据集、透视分析和即席查询，有关数据集种类和说明如表 6-5 所示。

表 6-5 数据集种类和说明

名称	说明	备注
可视化数据集	基于数据源或业务主题，通过简单拖曳操作创建的数据集。使用者一般为不熟悉 SQL 语句的业务人员	常用
原生 SQL 数据集	原生 SQL 数据集类似 SQL 数据集，是在文本输入区中通过直接输入各类数据库语言表达式，定义数据集条件和内容的一种数据集。使用者为熟悉 SQL 语句的技术人员	常用
SQL 数据集	在文本区中，通过输入 SQL 语句定义数据集条件和内容的一种数据集。使用者为熟悉 SQL 语句的技术人员	不常用
自助数据集	是一类基于个性化需求的数据集，它面向各阶层用户提供数据查询和抽取服务	不常用
存储过程数据集	针对存储过程定义数据集条件和内容的一类数据集。使用者为熟悉存储过程的技术人员	甚少用
多维数据集	基于多维数据源创建的一类数据集	不常用
Java 数据集	基于 Java 数据源中以 Java 数据集对象作为数据集源的一种数据集。使用者为熟悉 Java 类的开发人员	甚少用
透视分析	采用"类 Excel 数据透视表"的设计，作为数据集能够实现对数据的查询与探索	不常用
即席查询	可以满足明细数据的查询需要的数据集	不常用

由表 6-5 可知，常用的有可视化数据集和原生 SQL 数据集，以全国汽车销量分析项目为例，介绍这两种数据集的定义和管理。

1．了解项目的数据集

在全国汽车销量分析项目的"car_selling_fact"表中进行数据分析，建立项目的业务主题。由于项目需要进行报表制作和可视化分析，以便了解各省份的销售量、不同车企的销售情况、不同车系的销售量、不同级别车类的销售量、不同年份的销售量、不同预算的销售量、车型销量排行、12 个月的销售规模、车类级别销量占比、各车类销量占比等情况，所以需要定义和构建相应的数据集。

(1) 各省份的销售量数据集的字段说明如表 6-6 所示。

表 6-6 各省份的销售量数据集的字段说明

字段名称	说明
省份	汽车制造企业所在的省份
销售量	批发口径的销量数据，非零售

(2) 不同车企的销售情况数据集的字段说明如表 6-7 所示。

表 6-7 不同车企的销售情况数据集的字段说明

字段名称	说明
车企	汽车生产企业名称
销售量	批发口径的销量数据，非零售
销售规模	销量与均价相乘估算的销售规模

(3) 不同车系的销售量数据集的字段说明如表 6-8 所示。

表 6-8   不同车系的销售量数据集的字段说明

字段名称	说明
车系	汽车制造企业所属的系别，如德系、美系、日系、法系、自主等
销售量	批发口径的销量数据，非零售

(4) 不同级别车类的销售量数据集的字段说明如表 6-9 所示。

表 6-9   不同级别车类的销售量数据集的字段说明

字段名称	说明
级别	紧凑车、中型车等，属于行业定义
销售量	批发口径的销量数据，非零售

(5) 不同年份的销售量数据集的字段说明如表 6-10 所示。

表 6-10   不同年份的销售量数据集的字段说明

字段名称	说明
年份	销售的年份
销售量	批发口径的销量数据，非零售

(6) 不同预算的销售量数据集的字段说明如表 6-11 所示。

表 6-11   不同预算的销售量数据集的字段说明

字段名称	说明
预算	8 万左右表示 10 万以下，13 万左右表示 10～15 万区间
销售量	批发口径的销量数据，非零售

(7) 车型销量排行数据集的字段说明如表 6-12 所示。

表 6-12   车型销量排行数据集的字段说明

字段名称	说明
车型	汽车的车型名称，如哈弗 H6、英朗等具体车型
销售量	批发口径的销量数据，非零售

(8) 12 个月的销售规模数据集的字段说明如表 6-13 所示。

表 6-13   12 个月的销售规模数据集的字段说明

字段名称	说明
月份	销售的月份
销售规模	销量与均价相乘估算的销售规模

(9) 车类级别销量占比数据集的字段说明如表 6-14 所示。

表 6-14   车类级别销量占比数据集的字段说明

字段名称	说明
车型	汽车的车型名称，如哈弗 H6、英朗等具体车型
车类级别	紧凑车、中型车等，属于行业定义
销售占比	车类级别销量所占所有车辆的百分比

(10) 各车类销量占比数据集的字段说明如表 6-15 所示。

表 6-15　各车类销量占比数据集的字段说明

字段名称	说　明
车类	车类
销售占比	车类级别销量所占所有车辆的百分比

2. 建立项目数据集名称

单击 TipdmBI 平台主界面的 图标，展示【数据集】选项卡界面。在界面工作区中，单击 数据集 图标，展示建立数据集界面，如图 6-27 所示。在图 6-27 所示的表格【名称】列中，采用树形结构来展示数据集目录和数据集名称，用户可以通过选择数据集目录和数据集名称，对其进行操作。

图 6-27　建立数据集界面

建立数据集名称的步骤如下：

(1) 建立数据集文件夹。单击【名称】列中【数据集】文件夹右边的 图标，在快捷菜单中依次单击【新建数据集】→【目录】选项。在弹出的【新建文件夹】对话框中将【名称】【别名】均设置为"全国汽车销量分析"，如图 6-28 所示。单击【确定(O)】按钮，保存名称为"全国汽车销量分析"的文件夹。

图 6-28　【新建文件夹】对话框设置

(2) 展示已建立好的数据集文件夹。在【数据集】选项卡界面展示出"全国汽车销量分析"数据集文件夹，如图 6-29 所示。

图 6-29　【数据集】选项卡的数据集列表

3．建立项目的各项数据集

在"全国汽车销量分析"数据集文件夹中分别创建项目数据集。

1) 创建"各省份的销售量"数据集

创建"各省份的销售量"数据集，具体步骤如下：

(1) 选择数据集的数据源。

在【数据集】选项卡界面(图 6-27)单击 新建数据集 按钮，在弹出的快捷菜单中单击【可视化数据集】选项，【选择数据源】对话框如图 6-30 所示。数据源可以选择【业务主题】对象，获取业务对象的业务属性字段，也可以直接选择【数据源】对象，获取数据库表的字段，此处选择【数据源】对象的"全国汽车销量分析"数据源。

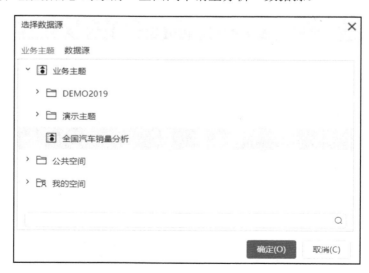

图 6-30　【选择数据源】对话框

(2) 介绍新建可视化数据集界面操作。

单击【确定(O)】按钮,展示【新建可视化数据集】操作界面,如图 6-31 所示,界面中部分操作对象说明如表 6-16 所示。界面左边采用树形结构来展示和查询业务主题字段或数据库字段;界面的中间是建立数据集的主要操作区域,包括数据集字段选择器和表达式编辑器,快捷操作图标说明如表 6-17 所示;界面的右边是数据集输出字段或参数定义操作区。以建立"全国汽车销量分析"项目数据集为例,在界面左边,使用树形结构来展示"全国汽车销量分析"业务主题和字段,用户可以选择字段和参数,分别拖曳到的【字段】选择器和【条件】表达式编辑器中,构建数据集的字段和条件。

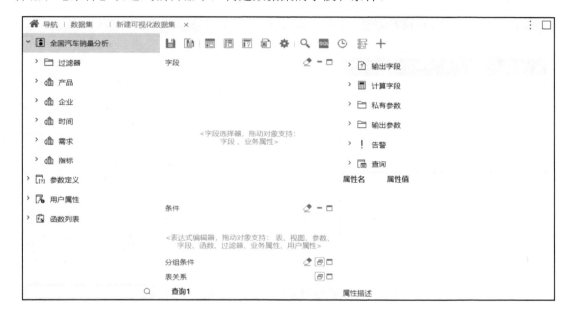

图 6-31 【新建可视化数据集】界面

表 6-16 输出区有关操作说明

操作对象	说　　明
【字段】选择器	通过拖曳的方式输入数据集的字段
【条件】表达式编辑器	通过键盘和拖曳输入数据集的条件表达式,其中字段和参数只能通过拖曳方式输入
【输出字段】对象	通过单击展示输出的字段,单击字段可以查看字段的信息,还可以对字段进行改名等设置
【计算字段】对象	用于为数据集新建计算字段,单击展示已建立的计算字段
【私有参数】对象	用于为数据集新建或导入参数,单击展示所有的参数
【输出参数】对象	展示数据集输出的参数
【告警!】对象	展示数据集告警信息
【查询】对象	用于为数据集新建查询

表 6-17　数据集快捷操作图标说明

图标	说　　明
💾	保存数据集
📋	将数据集另存为
▦	显示资源或属性区
▦	定义多重报表
?	参数布局
📑	Excel 模板设置
⚙	高级设置，定义缓存或分页设置
🔍	预览数据
SQL	查看 SQL 语句
🕐	显示评估的执行计划
🗃	抽取数据
＋	创建，即保存数据集所在的文件夹位置和名称

(3) 创建"各省份的销售量"数据集。

依次单击展开"全国汽车销量分析"→"企业"业务对象，拖曳"省份"字段到【字段】选择器中；单击展开"指标"业务对象，拖曳"销售量"字段到【字段】选择器中，如图 6-32 所示。

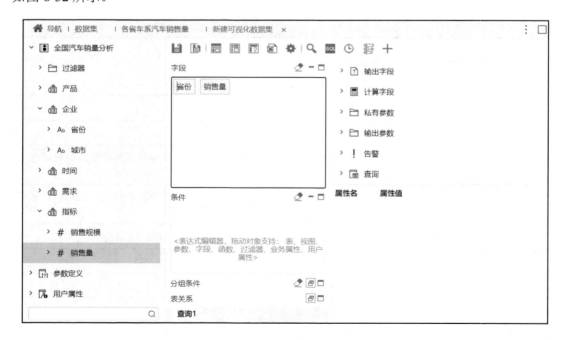

图 6-32　新建"各省份的销售量"数据集界面

单击 图标，在弹出的对话框中双击"全国汽车销量分析"文件夹，输入数据集名称为"各省份的销售量"，保存数据集，并将【新建可视化数据集】选项卡名称改为"各省份的销售量"，此时完成"各省份的销售量"数据集的创建。

(4) 预览数据集数据。

单击 图标，弹出【预览数据】对话框，再单击对话框的 图标，展示"各省份的销售量"数据集的数据，如图 6-33 所示。

图 6-33　预览"各省份的销售量"数据集数据

2) 创建"不同车企的销售情况"数据集

创建"不同车企的销售情况"数据集，具体步骤如下：

(1) 选择数据集的数据源。

依次单击【数据集】→ 新建数据集 ，在快捷菜单中选择【可视化数据集】选项，弹出【选择数据源】对话框，依次选择【业务主题】→"全国汽车销量分析"，单击【确定(O)】按钮，弹出【新建可视化数据集】选项卡界面。

(2) 创建"不同车企的销售情况"数据集。

在【新建可视化数据集】选项卡界面中，界面左边是使用树形结构来展示的"全国汽车销量分析"业务主题的业务对象和业务属性(即处理过的字段)，用户可以选择业务对象下的字段和参数，分别拖曳到界面【字段】选择器和【条件】表达式编辑器中，构建数据集的字段和条件。依次单击展开"全国汽车销量分析"→"产品"业务对象，拖曳"车企"字段到【字段】选择器中；单击展开"指标"业务对象，分别拖曳"销售量""销售规模"字段到【字段】选择器中；单击展开"企业"→"省份"字段，分别拖曳"省份"字段和"省份"参数到【条件】表达式编辑器中，如图 6-34 所示。

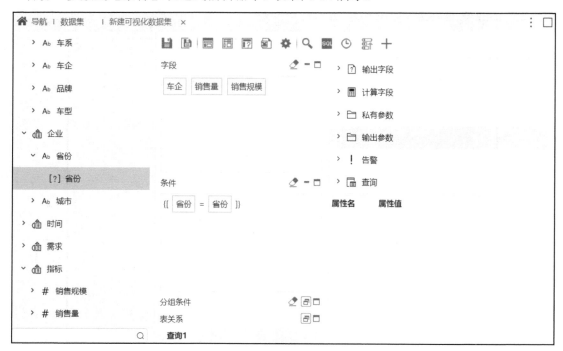

图 6-34 新建"不同车企的销售情况"数据集界面

条件表达式编辑如下：

{[省份=省份]}

说明：前一个省份是字段对象，后一个省份是参数对象。

单击 💾 图标，在弹出的对话框中双击"全国汽车销量分析"文件夹，输入数据集名称为"不同车企的销售情况"，保存数据集，并将【新建可视化数据集】选项卡名称改为"不同车企的销售情况"，此时完成"不同车企的销售情况"数据集的创建。

(3) 预览数据集数据。

单击 🔍 图标，弹出【预览数据】对话框，再单击对话框的 ⟳ 图标，展示"不同车企的销售情况"数据集的数据。

3) 创建"不同车系的销售量"数据集

创建"不同车系的销售量"数据集，具体步骤如下：

(1) 选择数据集的数据源。

依次单击【数据集】→ 新建数据集 ，在快捷菜单中选择【可视化数据集】选项，弹出【选择数据源】对话框，依次选择【业务主题】→"全国汽车销量分析"，单击【确定(O)】按钮，弹出【新建可视化数据集】选项卡界面。

(2) 创建"不同车系的销售量"数据集。

在【新建可视化数据集】选项卡界面中，依次单击展开"全国汽车销量分析"→"产品"业务对象，拖曳"车系"字段到【字段】选择器中；单击展开"指标"业务对象，拖曳"销售量"字段到【字段】选择器中，如图 6-35 所示。

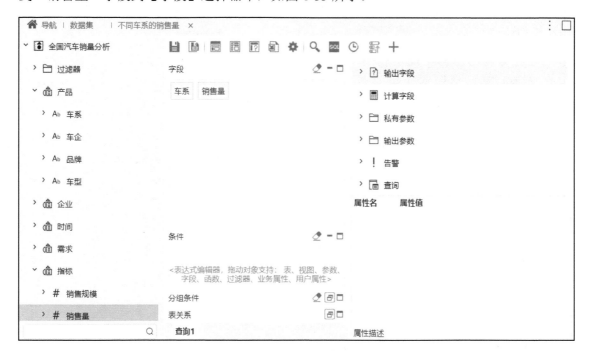

图 6-35　新建"不同车系的销售量"数据集界面

单击 💾 图标，在弹出的对话框中选择"全国汽车销量分析"文件夹，保存"不同车系的销售量"数据集，并将【新建可视化数据集】选项卡名称改为"不同车系的销售量"，此时完成"不同车系的销售量"数据集的创建。

(3) 预览数据集数据。

单击 🔍 图标，弹出【预览数据】对话框，再单击对话框的 🔁 图标，展示"不同车系的销售量"数据集的数据。

4）创建"不同级别车类的销售量"数据集

创建"不同级别车类的销售量"数据集，具体步骤如下：

(1) 选择数据集的数据源。

依次单击【数据集】→ 新建数据集 ，在快捷菜单中选择【可视化数据集】选项，弹出【选择数据源】对话框，依次选择【业务主题】→"全国汽车销量分析"，单击【确定(O)】按钮，弹出【新建可视化数据集】选项卡界面。

(2) 创建"不同级别车类的销售量"数据集。

在【新建可视化数据集】选项卡界面中，依次单击展开"全国汽车销量分析"→"需求"业务对象，拖曳"级别"字段到【字段】选择器中；单击展开"指标"业务对象，拖曳"销售量"字段到【字段】选择器中；【条件】表达式操作与"不同车企的销售情况"数据集类似，如图 6-36 所示。

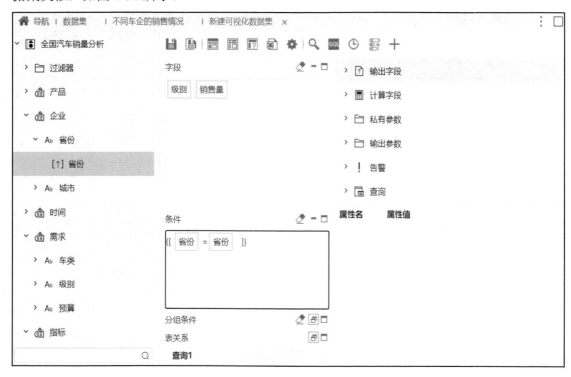

图 6-36　新建"不同级别车类的销售量"数据集界面

单击 🖬 图标，在弹出的对话框中选择"全国汽车销量分析"文件夹，保存"不同级别车类的销售量"数据集，并将【新建可视化数据集】选项卡名称改为"不同级别车类的销售量"，此时完成"不同级别车类的销售量"数据集的创建。

(3) 预览数据集数据。

单击 🔍 图标，弹出【预览数据】对话框，再单击对话框的 ⟳ 图标，展示"不同级别车类的销售量"数据集的数据。

5) 创建"不同年份的销售量"数据集

创建"不同年份的销售量"数据集，具体步骤如下：

(1) 选择数据集的数据源。

依次单击【数据集】→ 新建数据集 ，在快捷菜单中选择【可视化数据集】选项，弹出【选择数据源】对话框，依次选择【业务主题】→"全国汽车销量分析"，单击【确定(O)】按钮，弹出【新建可视化数据集】选项卡界面。

(2) 创建"不同年份的销售量"数据集。

在【新建可视化数据集】选项卡界面中，依次单击展开"全国汽车销量分析"→"时间"业务对象，拖曳"年份"字段到【字段】选择器中；单击展开"指标"业务对象，拖曳"销售量"字段到【字段】选择器中；【条件】表达式操作与"不同车企的销售情况"数据集类似，如图 6-37 所示。

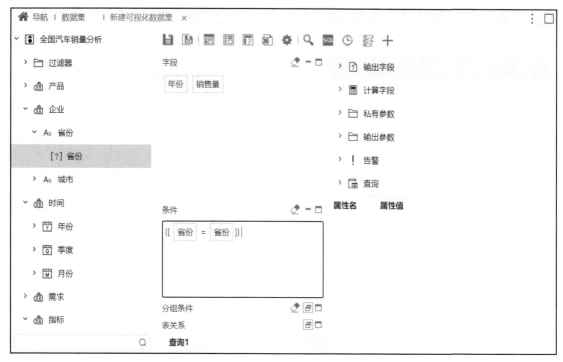

图 6-37　新建"不同年份的销售量"数据集界面

单击 图标，在弹出的对话框中选择"全国汽车销量分析"文件夹，保存"不同年份的销售量"数据集，并将【新建可视化数据集】选项卡名称改为"不同年份的销售量"，此时完成"不同年份的销售量"数据集的创建。

(3) 预览数据集数据。

单击 图标，弹出【预览数据】对话框，再单击对话框的 图标，展示"不同年份的销售量"数据集的数据。

6) 创建"不同预算的销售量"数据集

创建"不同预算的销售量"数据集，具体步骤如下：

(1) 选择数据集的数据源。

依次单击【数据集】→ 新建数据集 ，在快捷菜单中选择【可视化数据集】选项，弹出【选择数据源】对话框，依次选择【业务主题】→"全国汽车销量分析"，单击【确定(O)】按钮，弹出【新建可视化数据集】选项卡界面。

(2) 创建"不同预算的销售量"数据集。

在【新建可视化数据集】选项卡界面中，依次单击展开"全国汽车销量分析"→"需求"业务对象，拖曳"预算"字段到【字段】选择器中；单击展开"指标"业务对象，拖曳"销售量"字段到【字段】选择器中；【条件】表达式操作与"不同车企的销售情况"数据集类似，如图 6-38 所示。

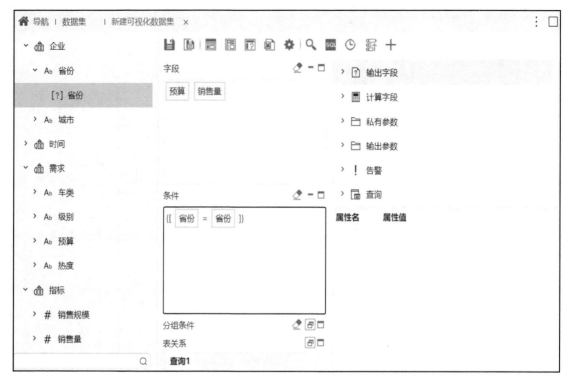

图 6-38　新建"不同预算的销售量"数据集界面

单击 █ 图标，在弹出的对话框中选择"全国汽车销量分析"文件夹，保存"不同预算的销售量"数据集，并将【新建可视化数据集】选项卡名称改为"不同预算的销售量"，此时完成"不同预算的销售量"数据集的创建。

(3) 预览数据集数据。

单击 🔍 图标，弹出【预览数据】对话框，再单击对话框的 🔃 图标，展示"不同预算的销售量"数据集的数据。

7) 创建"车型销量排行"数据集

创建"车型销量排行"数据集，具体步骤如下：

(1) 选择数据集的数据源。

依次单击【数据集】→ 新建数据集 ，在快捷菜单中选择【可视化数据集】选项，弹出【选择数据源】对话框，依次选择【业务主题】→"全国汽车销量分析"，单击【确定(O)】按钮，弹出【新建可视化数据集】选项卡界面。

(2) 创建"车型销量排行"数据集。

在【新建可视化数据集】选项卡界面中，依次单击展开"全国汽车销量分析"→"产品"业务对象，拖曳"车型"字段到【字段】选择器中；单击展开"指标"业务对象，拖曳"销售量"字段到【字段】选择器中，如图 6-39 所示。

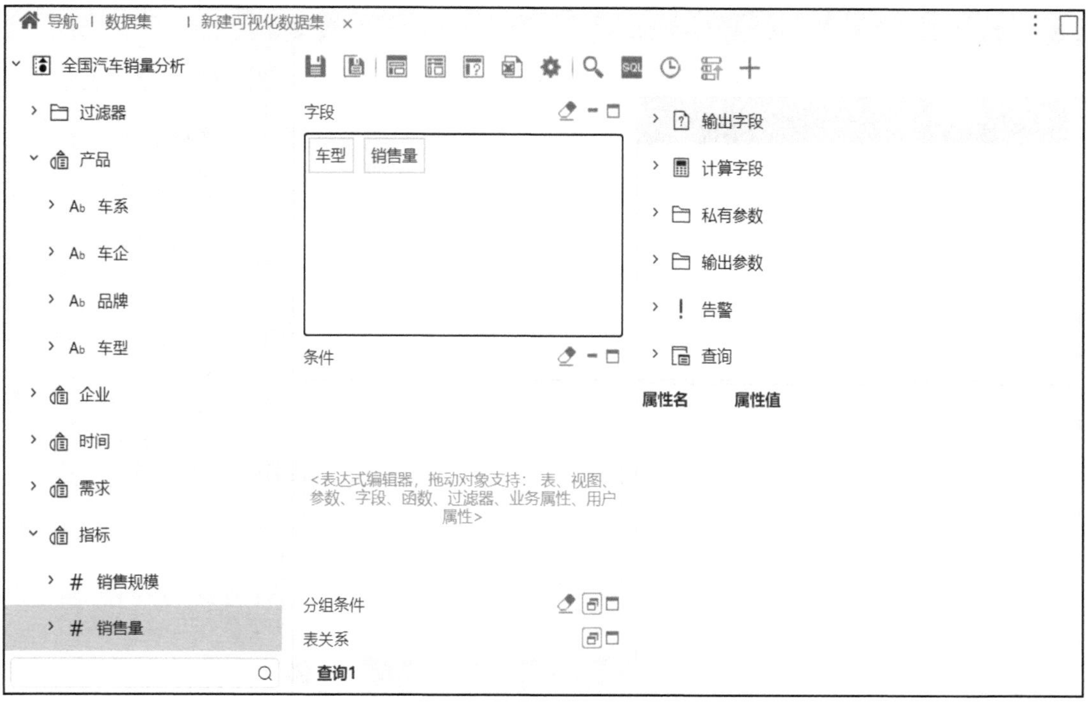

图 6-39　新建"车型销量排行"数据集界面

单击 📋 图标，在弹出的对话框中选择"全国汽车销量分析"文件夹，保存"车型销量排行"数据集，并将【新建可视化数据集】选项卡名称改为"车型销量排行"，此时完成"车型销量排行"数据集的创建。

(3) 预览数据集数据。

单击 🔍 图标，弹出【预览数据】对话框，再单击对话框的 ⟳ 图标，展示"车型销量排行"数据集的数据。

8) 创建"12 个月的销售规模"数据集

创建"12 个月的销售规模"数据集，具体步骤如下：

(1) 选择数据集的数据源。

依次单击【数据集】→ 新建数据集 ，在快捷菜单中选择【可视化数据集】选项，弹出【选择数据源】对话框，依次选择【业务主题】→"全国汽车销量分析"，单击【确定(O)】按钮，弹出【新建可视化数据集】选项卡界面。

(2) 创建"12 个月的销售规模"数据集。

在【新建可视化数据集】选项卡界面中，依次单击展开"全国汽车销量分析"→"时间"业务对象，拖曳"月份"字段到【字段】选择器中；单击展开"指标"业务对象，拖曳"销售规模"字段到【字段】选择器中；依次单击展开"时间"→"年份"字段，分别拖曳"年份"字段和"年份"参数到【条件】表达式编辑器中；依次单击展开"企业"→"省份"字段，分别拖曳"省份"字段和"省份"参数到【条件】表达式编辑器中，如图6-40 所示。

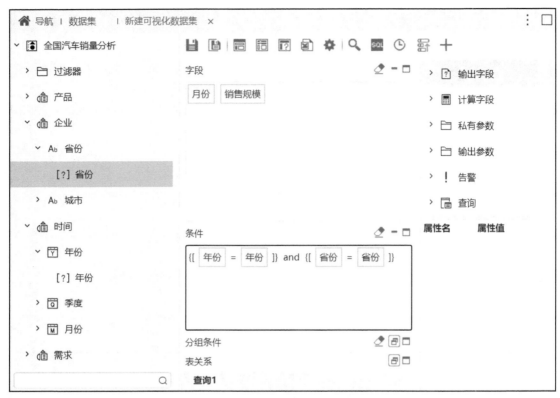

图 6-40　新建"12 个月的销售规模"数据集界面

条件表达式编辑如下：

{[年份=年份]} and {[省份=省份]}

说明：前一个年份是字段对象，后一个年份是参数对象；前一个省份是字段对象，后一个省份是参数对象。

单击 图标，在弹出的对话框中双击"全国汽车销量分析"文件夹，输入数据集名称为"12 个月的销售规模"，保存数据集，并将【新建可视化数据集】选项卡名称改为"12 个月的销售规模"，此时完成"12 个月的销售规模"数据集的创建。

(3) 预览数据集数据。

单击 图标，弹出【预览数据】对话框，再单击对话框的 图标，展示"12 个月的销售规模"数据集的数据。

9) 创建"车类级别销量占比"数据集

在创建"车类级别销量占比"数据集时，可直接使用 SQL 脚本创建数据集，具体步骤如下：

(1) 选择数据集的数据源。

依次单击【数据集】→ 新建数据集 ，在快捷菜单中选择【原生 SQL 数据集】选项，弹出【选择数据源】对话框，选择"全国汽车销量分析"数据源，如图 6-41 所示。

图 6-41   【选择数据源】对话框

单击【确定(O)】按钮，弹出【新建原生 SQL 数据集】选项卡界面，如图 6-42 所示。展示的界面与新建可视化数据集界面类似，由于是直接使用 SQL 脚本创建数据集，所以没有新建可视化数据集界面的【条件】表达式编辑器。用户可以在界面中间的 SQL 脚本输入框中直接输入 SQL 脚本。

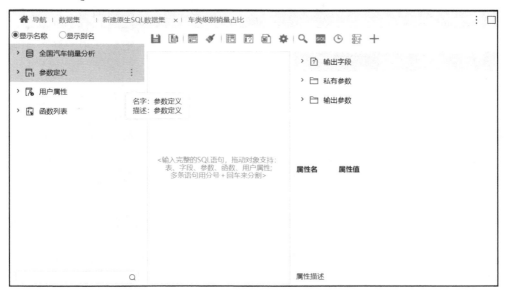

图 6-42   【新建原生 SQL 数据集】选项卡界面

(2) 创建数据集参数。

创建在多个数据集可以使用的"省份"参数。单击【参数定义】对象右边的 ⋮ 图标，在快捷菜单中选择【新建】→【目录】选项，建立"全国汽车销量分析"文件夹。单击新建的"全国汽车销量分析"文件夹右边的 ⋮ 图标，在快捷菜单中选择【新建】→【参数】选项，在弹出的【选择数据源】对话框中选择"全国汽车销量分析"数据源，单击【确定(O)】按钮，弹出【新建参数】对话框，建立用于多个数据集的"省份"参数。需要注意的是，如果"省份"参数已经存在，那么必须修改参数的名称，如参数名称为"省份1"，参数别名为"省份"。

（3）创建"车类级别销量占比"数据集。

在【新建原生 SQL 数据集】选项卡的 SQL 脚本输入框中编辑 SQL 脚本如下：

```sql
select
        `column7`   as "车型",
        concat (`column4`,
        `column7`) as "车类级别",
        sum( `column10`   )   /( select
                sum( `column10`   ) as "销售量"
        from
                `car_selling_fact`   ) as "销售量占比"
from
        `car_selling_fact`
where
        `column12`   =   省份
group by
        `column4`,
        `column7`
```

说明：SQL 脚本中的 省份 是参数对象，是面向"全国汽车销量分析"数据源建立的参数。

编辑完成的 SQL 脚本如图 6-43 所示。

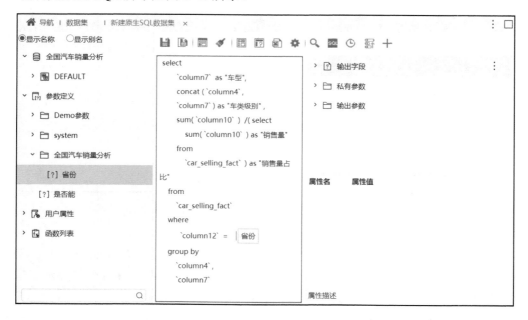

图 6-43　新建原生 SQL 数据集的 SQL 脚本编辑

单击【输出字段】对象右边的 ⋮ 图标，在快捷菜单中选择【检测输出字段】选项，弹出【自动检测输出字段】对话框，在"省份"参数下拉框中选择一个省份名称，如图 6-44 所示。再单击【输出字段检测】按钮，完成检测输出字段，此时在图 6-43 所示的【输出字段】对象中将会展示输出字段名称。

自动检测输出字段	✕
省份* ［江苏 ⌄］	
［输出字段检测］	
	取消(C)

图 6-44　【自动检测输出字段】对话框

单击 💾 图标，在弹出的对话框中双击"全国汽车销量分析"文件夹，保存"车类级别销量占比"数据集，并将【新建原生 SQL 数据集】选项卡名称改为"车类级别销量占比"，此时完成"车类级别销量占比"数据集的创建。

（4）预览数据集数据。

单击 🔍 图标，弹出【预览数据】对话框，在【省份】的下拉框中选择"广东"，将展示"车类级别销量占比"数据集的数据，如图 6-45 所示。

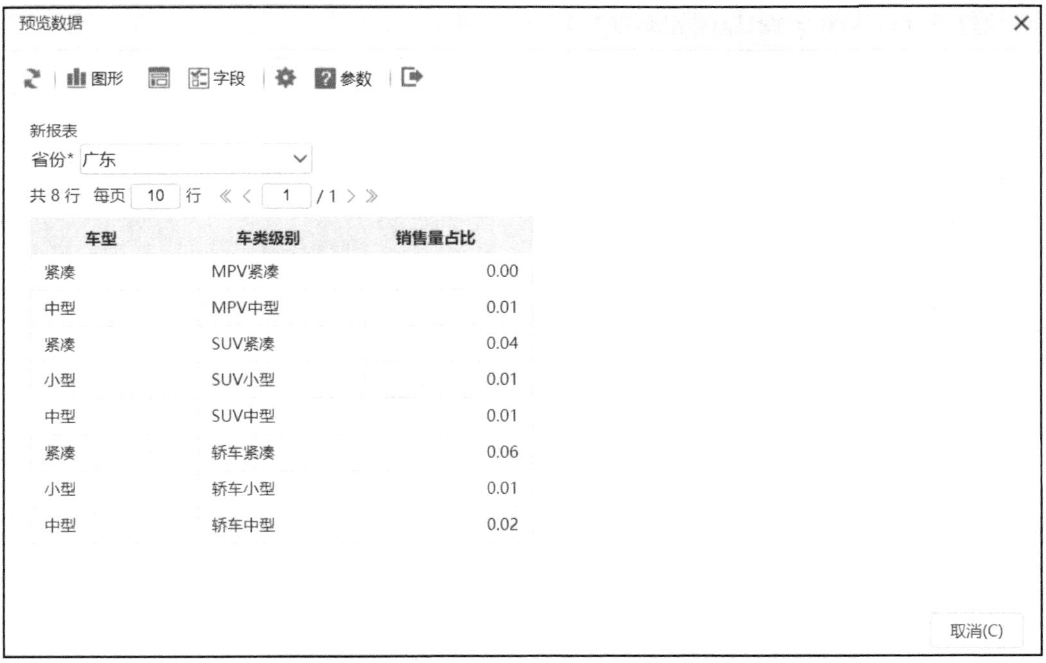

预览数据		✕

⤺　📊图形　▦　▤字段　⚙　❓参数　📤

新报表
省份* ［广东 ⌄］
共 8 行　每页 ［10］ 行　《 ＜ ［1］ /1 ＞ 》

车型	车类级别	销售量占比
紧凑	MPV紧凑	0.00
中型	MPV中型	0.01
紧凑	SUV紧凑	0.04
小型	SUV小型	0.01
中型	SUV中型	0.01
紧凑	轿车紧凑	0.06
小型	轿车小型	0.01
中型	轿车中型	0.02

取消(C)

图 6-45　【预览数据】对话框

10) 创建"各车类销量占比"数据集

在创建"各车类销量占比"数据集时,可直接使用 SQL 脚本创建数据集,具体步骤如下:

(1) 选择数据集的数据源。

依次单击【数据集】→ 新建数据集 ,在快捷菜单中选择【原生 SQL 数据集】选项,弹出【选择数据源】对话框,选择"全国汽车销量分析"数据源。单击【确定(O)】按钮,弹出【新建原生 SQL 数据集】选项卡界面。

(2) 创建"各车类销量占比"数据集。

在【新建原生 SQL 数据集】选项卡的 SQL 脚本输入框中编辑 SQL 脚本如下:

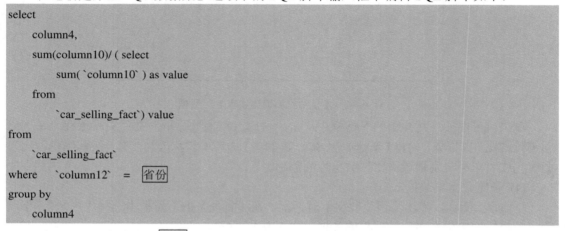

说明:SQL 脚本中的 省份 是参数对象,是面向"全国汽车销量分析"数据源建立的参数。编辑完成的 SQL 脚本如图 6-46 所示。

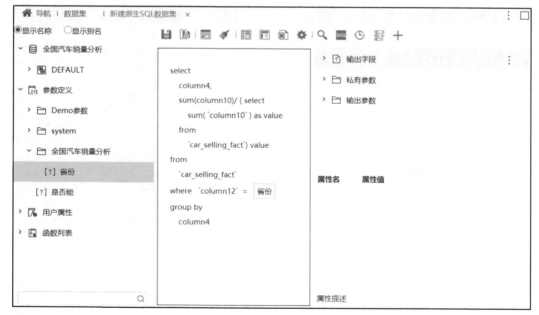

图 6-46 新建原生 SQL 数据集的 SQL 脚本编辑

单击【输出字段】对象右边的 ⋮ 图标，在快捷菜单中选择【检测输出字段】选项，弹出【自动检测输出字段】对话框，在"省份"参数下拉框中选择一个省份名称，再单击【输出字段检测】按钮，完成检测输出字段。在【输出字段】对象中将会展示输出字段名称。单击"column4"字段，在属性修改区域中，将"column4"字段的【别名】设置为"车类"；单击"value"字段，在属性修改区域中，将"value"字段的【别名】设置为"销量占比"，修改结果如图 6-47 所示。

图 6-47　修改输出字段的别名

　　单击 💾 图标，在弹出的对话框中双击"全国汽车销量分析"文件夹，保存"各车类销量占比"数据集，并将【新建原生 SQL 数据集】选项卡名称改为"各车类销量占比"，此时完成"各车类销量占比"数据集的创建。

　　(3) 预览数据集数据。

　　单击 🔍 图标，弹出【预览数据】对话框，在【省份】的下拉框中选择"湖北"，将展示"各车类销量占比"数据集的数据，如图 6-48 所示。

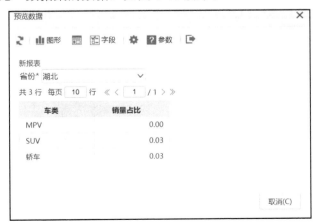

图 6-48　【预览数据】对话框

小结

　　本章介绍了全国汽车销量可视化项目的背景、目标、项目的数据和可视化分析制作的流程，以及可视化项目的数据准备，包括获取项目数据、建立项目业务主题、创建业务主题名称与对象、定义项目业务参数和创建项目的数据集。

第7章　全国汽车销量可视化项目
——可视化仪表盘

在第 6 章中，根据项目目标、数据和流程的要求创建了全国汽车销量可视化项目的业务主题、参数和数据集等。本章主要介绍根据创建好的数据集，通过 Excel 插件访问 TipdmBI 数据分析和可视化平台的数据、参数和文件，利用 Excel 和 ECharts 的强大报表图表功能，设计并制作全国汽车销量可视化分析项目仪表盘图表，并编写分析报告。

7.1　获取数据集

Excel 具有强大的报表、图表设计和制作功能。TipdmBI 平台提供了完善的大数据分析，并集成了 ECharts 强大的图表功能。为了设计和制作更美观的全国汽车销量可视化仪表盘，需要在已安装 TipdmBI 的 Excel 插件中，登录 TipdmBI 平台服务器，并获取数据集，以及在 Excel 插件中获取 TipdmBI 平台参数值的 Smartbi 函数。

7.1.1　登录/注销服务器和获取数据集

在安装 Excel 插件、设置了服务器和用户连接参数后，即可在 Excel 客户端登录 TipdmBI 平台服务器获取数据集、设计与制作报表和可视化仪表盘等。连接 TipdmBI 服务器，获取数据集的步骤如下：

(1) 登录服务器。在 Excel 操作界面中，用户单击菜单栏的【TipdmBI】选项卡的【服务器】命令组中的 图标，登录服务器并建立连接。登录成功后，Excel 界面如图 7-1 所示。与登录前相比，【TipdmBI】选项卡展示更多的操作图标，并显示【数据集面板】窗格。

图 7-1　用户登录服务器后的 Excel 界面

(2) 获取数据集。成功登录服务器后，系统在 Excel 操作界面的右边显示【数据集面板】窗格，如图 7-2 所示。用户可以在【数据集面板】窗格中，根据树形结构的选项，选中所需的数据集数据，以便制作数据报表、图表和仪表盘等。系统还提供搜索功能，用户输入关键字后按回车键，可自动定位到与关键字匹配的数据集。用户单击【服务器】命令组中的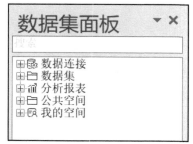视图图标，可以关闭/打开【数据集面板】窗格。

(3) 注销服务器。单击【服务器】命令组中的 注销 图标，注销用户登录。注销后，【数据集面板】窗格将关闭，不能再获取数据集的数据，也不能将有关报表、图表等文件保存或发布至服务器。

图 7-2　【数据集面板】窗格

7.1.2　TipdmBI 内置函数

Excel 可以对单元格使用 Excel 自带的公式、函数。为了进一步扩展计算能力，TipdmBI 也提供了一些内置函数，并允许与 Excel 函数嵌套使用。这些内置函数的用法与 Excel 函数的用法一致，连接 TipdmBI 服务器后，即可使用这些函数。有关函数及其说明如下：

(1) SSR_GetCell：获取单元格，支持偏移计算，用于在扩展区域中按位置获取单元格的值。

(2) SSR_GetCurrentUserAlias：获取当前用户别名。

(3) SSR_GetCurrentUserName：获取当前用户名称。

(4) SSR_GetIndex：获取单元格位于某个父格中的位置，以实现序列号。

(5) SSR_GetParamDispayValue：根据参数名称获取参数显示值。

(6) SSR_GetParamValue：根据参数名称获取参数真实值。

(7) SSR_GetReportHeat：获取当前报表的刷新次数(报表热度)。

(8) SSR_GetSubCells：根据父格获取扩展得到的所有单元格。

(9) SSR_GetTotalPage：获取报表总页数。

(10) SSR_GetCurrentPage：获取报表当前页数。

7.2　制作可视化仪表盘

在汽车或其他交通工具的驾驶舱内，通过仪表盘，驾驶员可以查看油量、速度、灯光等指示图标和数据，以方便进行有关操作。同样，企业或有关单位通过对运行数据的汇集、统计和分析，制作像仪表盘一样的看板，可以直观地发现、分析、预警数据中所隐藏的问题，及时应对业务运行中的风险，发现增长点，提出正确的决策。

7.2.1　了解仪表盘各个子项目

打开 Excel 系统，新建一个【空白工作簿】文件，在 Excel 的【工作簿 1】文件操作界面中单击【服务器】命令组中的 视图 图标，在弹出的【数据集面板】窗格中依次单击"数据集"→"报表功能演示"→"热销私家车数据"→"汽车销量分析"→"数据集"，展开仪表盘将要使用的数据集，如图 7-3 所示，各数据集的字段说明参见 6.2.3 小节。

图 7-3　仪表盘使用的数据集

分析数据集以及数据字段，每一个数据集对应一项不同的分析子项目，设计与数据集相适应的分析子项目的图表图形，规划仪表盘的布局，需要制作的各个子项目如下：

(1) 全国各地区销量分布。使用"各省份的销售量"数据集和条形图，拖曳鼠标定位到条形图的表示各个省份销量的条状块上，单击即展示各省份的汽车零售量。

(2) 用户预算汽车销量。使用"不同预算的销售量"数据集和饼图中的南丁格尔玫瑰图，展示用户预算汽车销量。

(3) 不同级别的汽车销量。使用"不同级别车类的销售量"数据集和饼图的圆环图，展示不同级别的汽车销量。

(4) 车型销量排行。使用"车型销量排行"数据集和条形图，排序展示车型销量排行榜前 10 名。

(5) 各车类销量占比分析。使用"各车类销量占比"数据集和饼图的标准环形图，分别展示各车类销量占比分析。

(6) 每年的汽车销量。使用"不同年份的销售量"数据集和柱图，展示对比每年的汽车销量。

(7) 各车系销售量。使用"不同车系的销售量"数据集和雷达图，展示各车系的销售量。

(8) 各车企的销售情况。使用"不同车企的销售情况"数据集和联合图(柱图与线图联合)，展示各车企的销售情况。

(9) 年份总销售规模。使用"12 个月的销售规模"数据集和折线图以及年份控件，展示各年份总销售规模。

(10) 各车类分级别的销量占比。使用"车类级别销量占比"数据集和饼图的标准环形图，分别展示各车类分级别的销量占比。

7.2.2　分析布局和设计制作仪表盘的标题和背景图

根据数据集分析仪表盘的布局，设计背景图，定义仪表盘的标题和各子项目的标题，并将背景图和标题插入到仪表盘文件中，有关操作步骤如下：

(1) 分析布局和设计仪表盘背景图。

根据数据集及其设计所采用的图形，规划仪表盘的布局，设计背景图，分区域展示各子项目的图形。因为一个仪表盘要有一个图形作为核心，所以仪表盘中使用了条形图展示"全国各地区销量分布"情况，放置于仪表盘的中间位置，并且选择不同的省份，其他的图形数据随省份进行联动。而其他饼图、线图、柱图、雷达图等图形分列两边，相近的项目和图形尽可能排在一起。在本项目中，将"每年的汽车销量""年份总销售规模""各车企的销售情况""各车系销售量"放至仪表盘的左边区域；"用户预算汽车销量""不同级别的汽车销量""车型销量排行""各车类销量占比分析"放至仪表盘的右边区域；因为"各车类分级别的销量占比"中的车类分级别较多，分别使用多个图形表示车类级别的占比，所以在仪表盘的下方，设计一个长方形的区域展示这些占比图形。一般地，采用大屏幕显示来展示仪表盘的内容，本书仪表盘背景如图 7-4 所示。

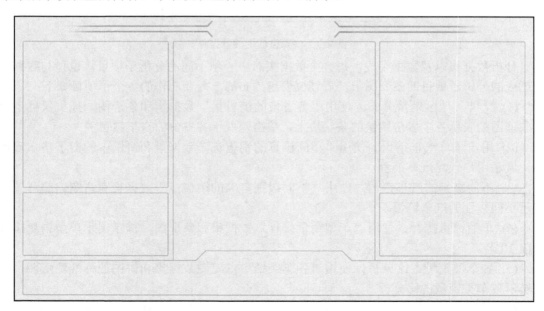

图 7-4　仪表盘的背景图

(2) 在 Excel 工作表中插入背景图。在【工作簿 1】文件中，将【Sheet1】工作表命名为"首页"，单击 A1 单元格，再依次单击【插入】→ 图片 图标，浏览并插入仪表盘背景图，如图 7-5 所示。

图 7-5　在工作表插入背景图

(3) 制作和插入仪表盘标题。新增一个工作表，并命名为"文字"。在【文字】工作表中，单击 B3 单元格，键入"全国汽车销量分析"作为仪表盘标题，设置标题文字的字体为黑体字，字形为加粗，字号为 18，颜色为黑色，如图 7-6 所示。单击选择 B3 单元格，将"全国汽车销量分析"文字使用 Excel 的"照相机"功能进行复制(设置好"照相机"功能后，单击需要复制的单元格，再单击 📷 图标复制单元格内容)。将"全国汽车销量分析"文字粘贴到【首页】工作表背景图上方的中间位置，如图 7-7 所示。采用这样复制的方式，如果在【文字】工作表中修改了文字内容，那么在【首页】工作表中文字内容将会跟着自动修改。

图 7-6　仪表盘的标题数据设置

图 7-7　仪表盘的标题

(4) 制作和插入仪表盘各子项目标题。在【文字】工作表中，分别键入"全国各地区销量分布""用户预算汽车销量""不同级别的汽车销量""各车系销售量""每年的汽车销量""车型销量排行""各车企的销售情况""各车类销量占比分析""各车类分级别的销量占比"等子项目的标题，分别设置标题文字的字体、字形、字号和颜色。单击选择各个子项目标题所在的单元格，使用"照相机"功能将单元格复制并粘贴到【首页】工作表各子项目的展示区域，完成操作的界面如图 7-8 所示。

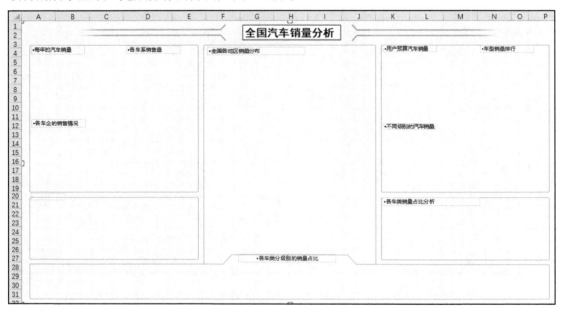

图 7-8 仪表盘各子项目标题

(5) 制作和插入带参数的仪表盘子项目标题和参数控件。

① 获取参数函数。"年份总销售规模"子项目标题中，"年份"必须是具体的年份，如"2019 年"。TipdmBI 平台提供参数传值的方式获取"年份"的值。在【文字】工作表中，选择"年份总销售规模"子项目标题的单元格，依次单击【公式】→ fx 插入函数 图标，在弹出的【插入函数】对话框的【或选择类别(C)】下拉框中选择"Smartbi"值，在【选择函数(N)】选择框中展示"Smartbi"的函数，选择"SSR_GetParamDisplayValue"函数，单击【确定】按钮，在弹出的【函数参数】对话框的【ParamName】输入框中输入"年"参数，单击【确定】按钮。在【文字】工作表中，标题单元格展示为"#NAME?"字符串，在单元格的输入栏中，显示为"=SSR_GetParamDisplayValue("年")"函数字符串。

② 拼接标题。在函数字符串末尾添加"&"总销售规模""字符串，与函数字符串拼接为"=SSR_GetParamDisplayValue("年")&"总销售规模""字符串，如图 7-9 所示。而标题单元格展示仍然是"#NAME?"字符串，表示是带参数的值。

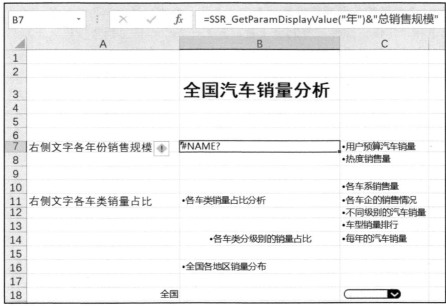

图 7-9　带参数子项目标题的参数设置

③ 插入控件。由于标题中用到"年"参数，因而为了让"年份"变化，必须增加"年份"控件，以便当改变控件的值时，标题跟着变化。在【文字】工作表中，依次单击【TipdmBI】→插入控件图标的倒三角符号，在弹出的选项框中单击▼图标。在弹出的【设置控件格式】对话框中，设置【常规】选项卡参数，如图 7-10 所示。单击【外观】选项卡，可以设置控件的有关外观颜色等参数。

图 7-10　【设置控件格式】对话框的【常规】选项卡参数设置

④ 复制带参数的标题和控件至仪表盘工作表。分别单击"年份总销售规模"子项目标题的单元格和"年份"控件，复制至【首页】工作表"年份总销售规模"子项目的展示区域。此时，完成仪表盘的标题和控件的制作，如图 7-11 所示。

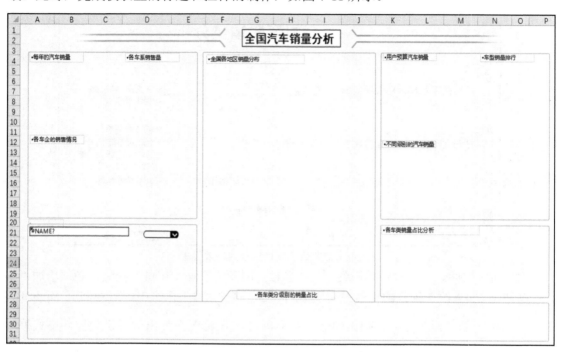

图 7-11　仪表盘各子项目的标题

7.2.3　设计和制作仪表盘各个子项目的图形

"全国汽车销量分析"仪表盘由多个子项目的标题和图形组成，各个子项目的图表图形制作如下。

1. 制作"全国各地区销量分布"条形图

使用"各省份的销售量"数据集数据制作"全国各地区销量分布"条形图，操作步骤如下：

(1) 获取子项目的数据集。

新增一个工作表，并命名为"省份销量"。从【数据集面板】窗格中依次单击"数据集"→"报表功能演示"→"热销私家车数据"→"汽车销量分析"→"数据集"→"各省份的销售量"，展开"各省份的销售量"数据集，如图 7-12 所示。其中数据集共有"省份""销售量"两个字段。

(2) 选择数据集字段和插入字段名称。

单击"各省份的销售量"数据集中的"省份"字段，按住 Shift 键移动鼠标并单击"销售量"字段，同时选中该数据集的多个字段，如图 7-13 所示。

图 7-12 "各省份的销售量"数据集

图 7-13 选择数据集多个字段

松开 Shift 键，按住鼠标左键，拖曳选中的字段到目标 B3 单元格，松开鼠标左键，系统将会自动弹出一个选项框，依次选择【插入名称】→【从左到右】选项，字段名称将会从左到右显示到单元格中，如图 7-14 所示。

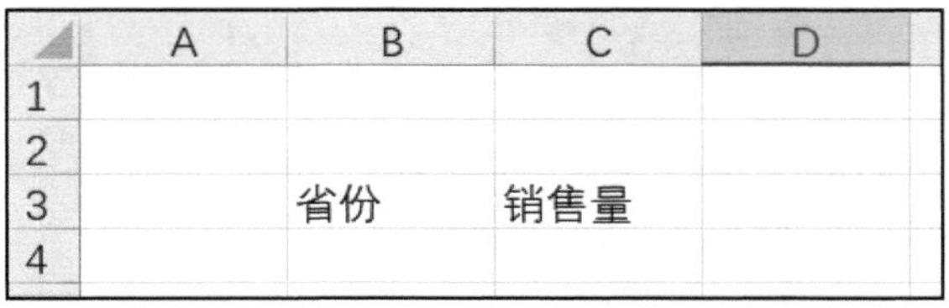

	A	B	C	D
1				
2				
3		省份	销售量	
4				

图 7-14 获取数据集的字段名称

(3) 选择和插入数据集字段。

采用类似的操作，在【数据集面板】窗格中将选中的"各省份的销售量"数据集的字段拖曳到 B4 单元格，松开鼠标左键，系统会自动弹出一个选项框，选择【从左到右】选项，如图 7-15 所示。有关字段就会从左到右分别显示到 B4、C4 单元格中，如图 7-16 所示。其中，B4 单元格数据值"↓省份(各省份的销售量)"中，"↓省份"表示"省份"字段的数据(预览时才能展开数据)，括号中"各省份的销售量"是数据集名称，其他单元格数据值说明类似。

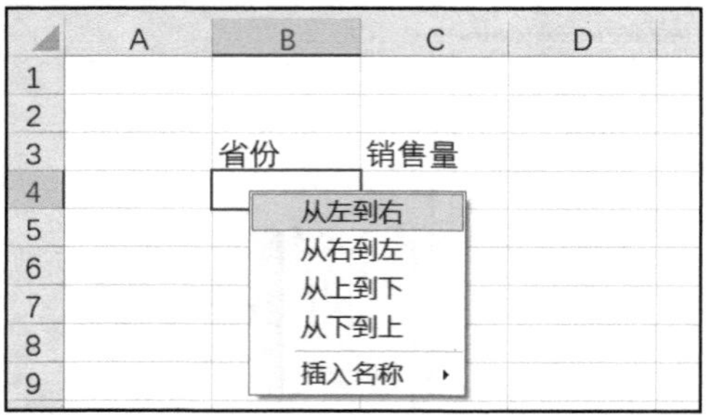

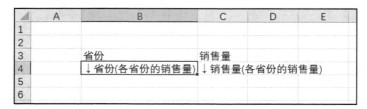

图 7-15 拖曳字段到目标单元格并插入字段

图 7-16 拖曳字段到单元格

(4) 汇总数据。

选中 C4 单元格，再单击【TipdmBI】选项卡中【单元格设置】命令组的 属性 图标，在弹出的【单元格属性】对话框中选择【汇总】选项，如图 7-17 所示，按照省份汇总有关数据。

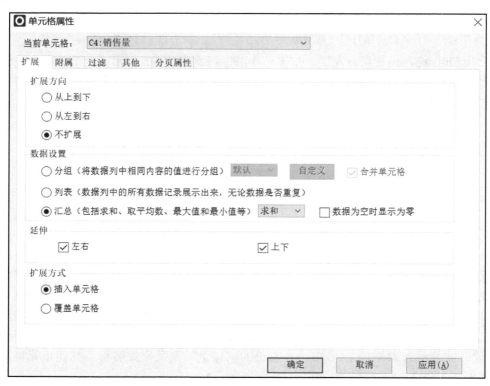

图 7-17 单元格属性设置

单击【确定】按钮，表格中 C4 单元格设置值变为"∑销售量(各省份的销售量)"，如图 7-18 所示。字段名称前的符号从"↓"变为"∑"，表示是该单元格是汇总的数据，按"省份"汇总"销售量"数据。

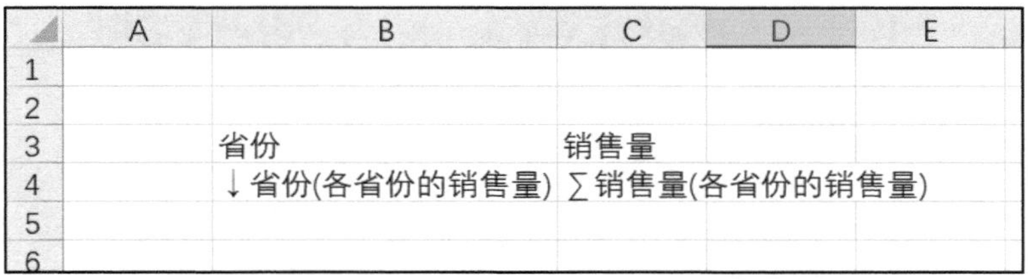

	A	B	C	D	E
1					
2					
3		省份		销售量	
4		↓省份(各省份的销售量)	∑销售量(各省份的销售量)		
5					
6					

图 7-18 获取"各省份的销售量"数据集和汇总"销售量"数据

(5) 选择条形图图形。

条形图是柱图中的普通横条图。单击【TipdmBI】选项卡【云图表】命令组的 图形 图标的倒三角符号，在其选项框中单击 按列作图 图标。在弹出的【插入图表】对话框中依次单击【柱图】→ 图标。展示条形图图形和【数据设置】【基本设置】【标题】【坐标轴】【图例】【提示】【工具】【序列】【高级】【数据传值设置】【扩展属性】等 11 个选项卡，如图 7-19 所示，用户可以根据需要，选择选项卡进行参数设置。

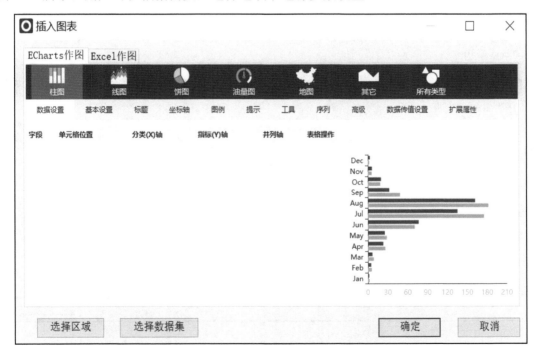

图 7-19 【插入图表】对话框

(6) 设置图形参数。

① 设置【数据设置】选项卡参数。

在图 7-19 所示的【数据设置】选项卡中，对图形的数据参数进行设置。

a. 选择图形数据字段。单击【选择区域】按钮，在弹出的【选择单元格】对话框中，选择"省份""销售量"字段所在的 B3:C4 单元格区域，如图 7-20 所示。

图 7-20 选择 B3:C4 单元格区域

b. 获取并设置图形字段参数和其他参数。单击【确定】按钮，获取 B3:C4 单元格区域的"省份""销售量"字段，添加到【插入图表】对话框的字段表中。字段表包含【字段】【单元格位置】【分类(X)轴】【指标(Y)轴】【并列轴】参数，以及【表格操作】参数的 ✏🗑⬆⬇ 操作按钮。在字段表中的第 1、2 行分别展示添加的"省份""销售量"字段。在"省份"字段所在行勾选【分类(X)轴】参数；"销售量"字段所在行勾选【指标(Y)轴】参数，如图 7-21 所示。

图 7-21 【数据设置】选项卡的参数设置

c. 设置图形的【设置序列属性】参数。单击"销售量"字段【指标(Y)轴】参数的 ✿ 图标，弹出【设置序列属性】对话框。勾选【柱子宽度】，设置为"20"；【高亮状态设置】栏中，勾选【系列主色】，颜色设置为"红色"；在【数据标线设置】栏中，勾选【标线类型】和【最大值】，如图 7-22 所示。其他参数设置采用默认值，点击【确定(O)】按钮。

设置序列属性【当前序列：销售量】　　　　　　　　　　✕

☑ 柱子宽度：　　　　　　　20 ⬍

普通状态设置

☐ 系列主色：

☐ 数据项标签：　　　　　[显示] [不显示]

☐ 位置：　　　　　　　[居上] [居下] [居左] [居右] [内部]

☐ 文本样式：　　　　　宋体 ∨ 14 ∨ 常规 ∨

高亮状态设置

☑ 系列主色：

☐ 数据项标签：　　　　　[显示] [不显示]

☐ 位置：　　　　　　　[居上] [居下] [居左] [居右] [内部]

☐ 文本样式：　　　　　宋体 ∨ 14 ∨ 常规 ∨

数据标注设置

☐ 是否显示：　　　　　[是] [否]

数据标线设置

☑ 标线类型：　　　　　☐平均值 ☐最小值 ☑最大值

☐ 标线颜色：

自定义标线/区间

显示名称　　　　**起始值**　　**结束值**　　**颜色**　　**删除** ∨

　　　　　　　　　　　　　　　[确定(O)] [取消(C)]

图 7-22　【设置序列属性】对话框的参数设置

② 设置【基本设置】选项卡参数。

【基本设置】是对图形的显示方式、大小和位置等进行设置。单击【基本设置】选项卡，使用鼠标选择图形拖曳改变【画布大小】的【宽度】【高度】尺寸大小。勾选【边距】，【左】设置为"15%"，【上】设置为"20"，【右】设置为"15%"，【下】设置为"20"，如图 7-23 所示。

③ 设置【坐标轴】选项卡参数。

单击【坐标轴】选项卡，对【坐标轴】选项卡中的【分类(X)轴】和【指标(Y)轴】选项卡参数进行设置。在【分类(X)轴】选项卡中，勾选【坐标轴名称】，设置为"省份"；勾选【坐标轴名称样式】，颜色设置为黑色；勾选【坐标轴名称位置】，位置设置为"位于末端"；勾选【名称到轴线的距离】，设置为"10"；勾选【刻度标签显示方式】，设置为▤(自动方式)，其他参数采用默认值，如图 7-24 所示。

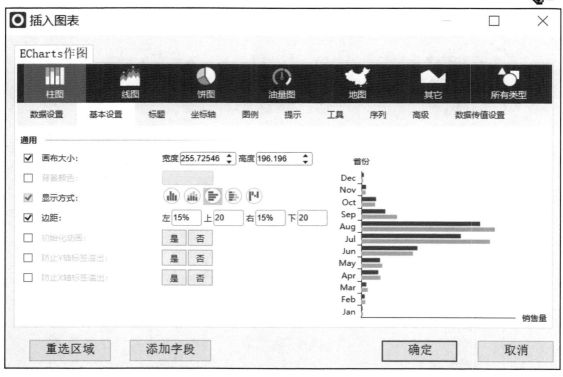

图 7-23 　【基本设置】选项卡参数设置

图 7-24 　【分类(X)轴】选项卡参数设置

与【分类(X)轴】选项卡类似，对【指标(Y)轴】选项卡参数进行设置，如图 7-25 所示。

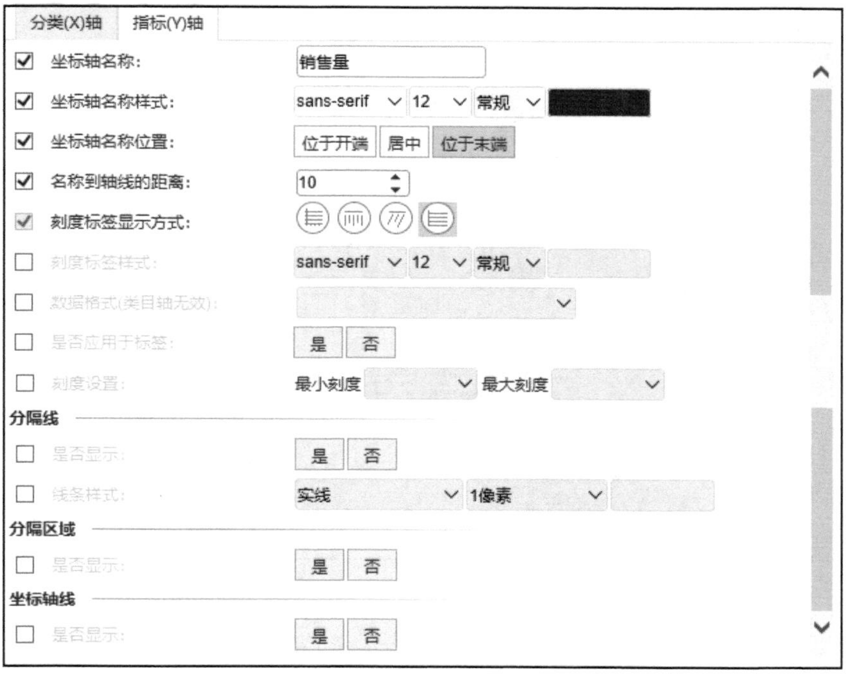

图 7-25　【指标(Y)轴】选项卡参数设置

④ 设置【数据传值设置】选项卡参数。

数据传值可以使具有相同参数的数据集之间的数据进行联动。单击【数据传值设置】选项卡。勾选【参数传值】，【真实值】设置为"省份"，【传值方式】设置为"真实值"，【显示值】设置为"省份"，【作用域】设置为"省份"，如图 7-26 所示。在仪表盘中，当鼠标定位到图形中某个"省份"数据时，其他采用"省份"参数的图形数据也会变化，重新展示图形和数据。

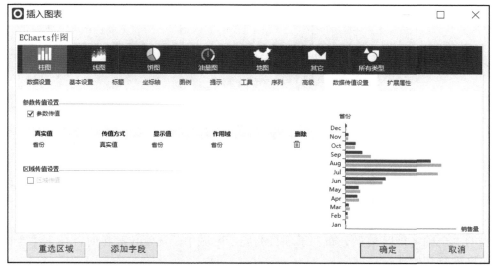

图 7-26　【数据传值设置】选项卡参数设置

图形的其他选项卡参数的设置采用默认值。此时完成【省份销量】工作表图形参数和数据设置，如图 7-27 所示。

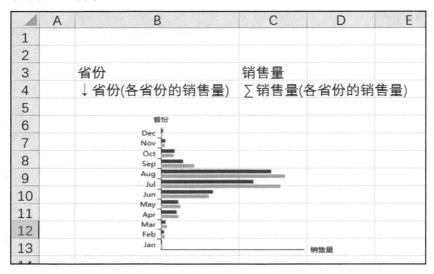

图 7-27　【省份销量】工作表的图形和数据设置

如果需要重新设置和修改图形的参数，将鼠标定位在图 7-27 所示的图形上，单击右键，弹出图形的右键快捷菜单，如图 7-28 所示。单击【设置】选项，弹出【插入图表】对话框，可以重新设置和修改图形参数。

图 7-28　图形的右键快捷菜单

(7) 复制"全国"标签到仪表盘的工作表。

由于在图形的【数据传值设置】选项卡设置了"省份"参数进行数据联动，选择某个省份后，数据和图形产生了变化，为了恢复初始状态，在【文字】工作表的单元格中输入"全国"标签，使用"照相机"功能，复制"全国"所在的单元格数据并粘贴到【首页】工作表的"全国各地区销量分布"子项目的展示区域中。展示仪表盘时，单击"全国"标签，即可恢复初始状态。

(8) 复制图形到仪表盘的工作表。

选择图形后，单击图 7-28 所示的【移动或复制】选项，将图形移动或复制至【首页】工作表的"全国各地区销量分布"子项目的展示区域，调整图形的位置、大小等，如图 7-29 所示。

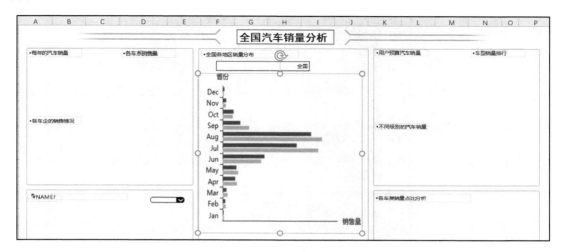

图 7-29　"全国各地区销量分布"条形图展示区域

(9) 预览结果。

单击菜单栏【TipdmBI】选项卡的【报表操作】命令组中的 图标，弹出【保存文档】对话框。在【位置】选项中，选择【我的空间】→【书籍】文件夹，在【名称】栏中输入"全国汽车销量分析"，在【显示终端】行，分别勾选【电脑】【平板】【手机】，发布到电脑、平板和手机终端上，其他采用默认值，如图 7-30 所示。

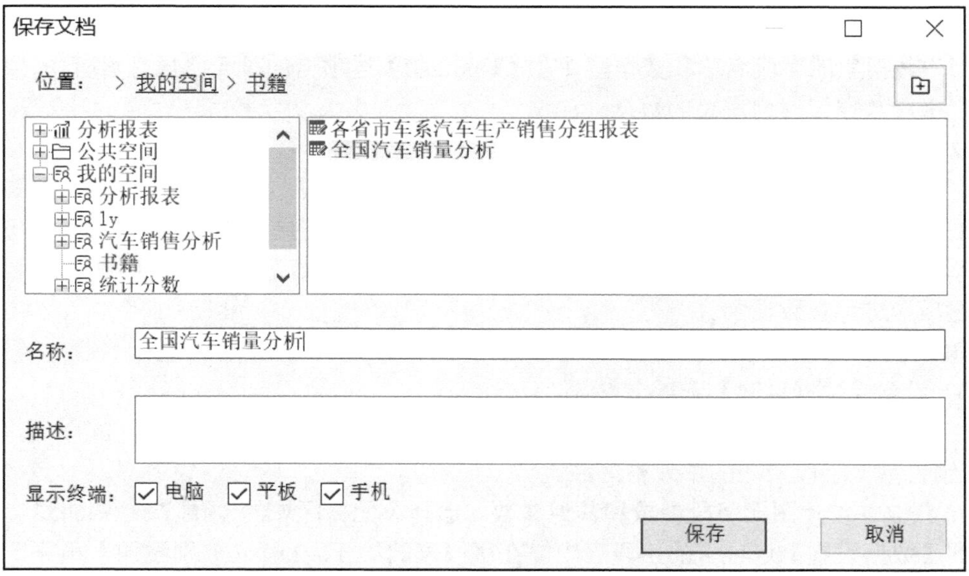

图 7-30　【保存文档】对话框

单击【保存】按钮，系统会自动弹出仪表盘预览窗口。"全国各地区销量分布"图形展示如图 7-31 所示。

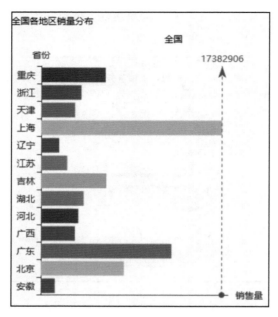

图 7-31　"全国各地区销量分布"图形

2. 制作"用户预算汽车销量"玫瑰图

使用"不同预算的销售量"数据集数据制作"用户预算汽车销量"玫瑰图，操作步骤如下：

(1) 获取子项目的数据集和汇总数据。

新增一个工作表，并命名为"预算分析"。在【预算分析】工作表中获取"不同预算的销售量"数据集的字段名称和数据，并在【TipdmBI】选项卡的单元格属性设置中，将"销售量"字段数据设置为汇总的数据。

(2) 选择玫瑰图图形。

在【预算分析】工作表中，单击【TipdmBI】选项卡的【云图表】命令组中的 █▌█ 图形▾图标的倒三角符号，在其选项框中单击 █ 按列作图 图标。在弹出的【插入图表】对话框中依次单击【饼图】→ ◎ 图标→标准环形图，展示图形和参数选项卡，用户可以根据需要，选择选项卡进行参数设置。

(3) 设置图形参数。

① 设置【数据设置】选项卡参数。

a. 设置图形数据字段。在【数据设置】选项卡中，单击【选择区域】按钮，选择"预算""销售量"字段所在的单元格区域。

b. 获取并设置图形字段参数和其他参数。选择单元格区域的"预算""销售量"字段，添加到【数据设置】选项卡的字段表中。在字段表的第 1、2 行，分别添加"预算""销售量"字段。在"预算"字段所在行勾选【分类(X)轴】参数；"销售量"字段所在行勾选【指标(Y)轴】参数，如图 7-32 所示。

图 7-32　【数据设置】选项卡参数设置

c. 设置图形的【设置序列属性】参数。单击"销售量"字段所在行【指标(Y)轴】参数的 ✿ 图标。在弹出的【设置序列属性】对话框中，勾选【饼图半径】，【内】设置为"20%"，【外】设置为"50%"；勾选【圆心位置】，【水平】设置为"50%"，【垂直】设置为"50%"；勾选【南丁格尔图】，并设置为"半径和面积模式"；在【普通状态设置】栏中，勾选【数据项标签】，并设置为"显示"，勾选【文本样式】，颜色设置为"黑色"；勾选【数据标签内容】，并设置为 ⊕(百分比)，勾选【位置】，并设置为"外侧"，其他序列属性设置采用默认值，如图 7-33 所示。

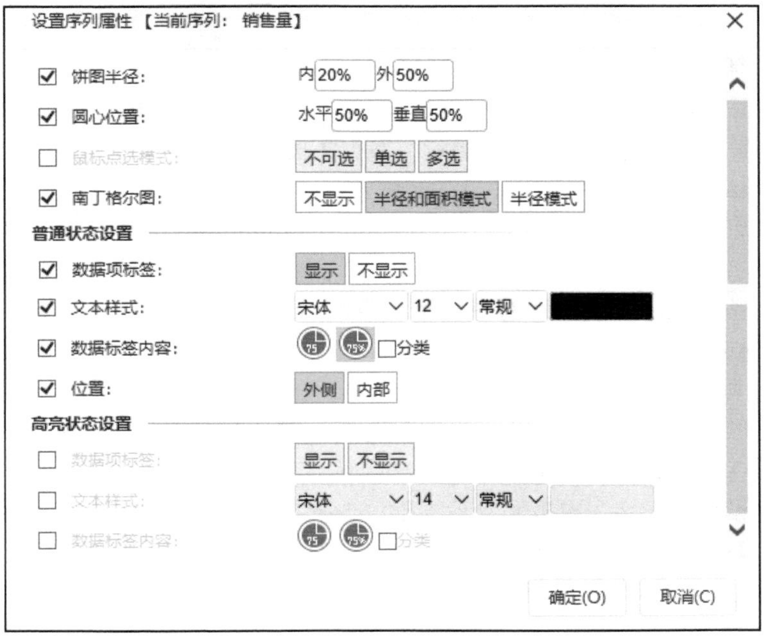

图 7-33　【设置序列属性】对话框参数设置

② 设置【高级】选项卡参数。

单击图 7-32 所示【高级】选项卡，勾选【是否排序】，并设置【排序顺序】为"升序"。图形的其他选项卡参数的设置采用默认值。此时完成【预算分析】工作表的图形参数和数据设置。

(4) 复制图形到仪表盘的工作表。

在【预算分析】工作表中，将饼图复制至【首页】工作表的"用户预算汽车销量"子项目规划的区域，并调整图形的大小和位置。

(5) 预览结果。

单击菜单栏【TipdmBI】选项卡【报表操作】组的 📄 图标，系统会自动弹出预览窗口。"用户预算汽车销量"图形展示如图 7-34 所示。

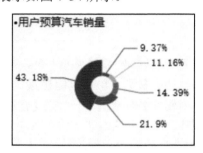

图 7-34　"用户预算汽车销量"南丁格尔玫瑰图

3. 制作"不同级别的汽车销量"圆环图

使用"不同级别车类的销售量"数据集数据制作"不同级别的汽车销量"圆环图，操作步骤如下：

(1) 获取子项目的数据集。

新增一个工作表，并命名为"不同级别车类的销售量"。在【不同级别车类的销售量】工作表中，获取"不同级别车类的销售量"数据集的"级别""销售量"字段名称和数据。

(2) 选择圆环图图形。

在【不同级别车类的销售量】工作表中，单击【TipdmBI】选项卡【云图表】命令组的 📊图形 ▾图标的倒三角符号，在其选项框中单击 按列作图 图标。在弹出的【插入图表】对话框中依次单击【饼图】→ ◎ 图标→标准环形图。

(3) 设置图形参数。

① 设置【数据设置】选项卡参数。

a. 设置图形数据字段。在【数据设置】选项卡中，单击【选择区域】按钮，选择"级别""销售量"字段所在的单元格区域。

b. 获取并设置图形字段参数和其他参数。选择单元格区域的"级别""销售量"字段，添加到饼图的【数据设置】选项卡的字段表中。在字段表的第 1、2 行，分别添加"级别""销售量"字段；在"级别"字段所在行勾选【分类(X)轴】参数，"销售量"字段所在行勾选【指标(Y)轴】参数，如图 7-35 所示。

图 7-35 【数据设置】选项卡参数设置

c. 设置图形的【设置序列属性】参数。单击"销售量"字段所在行【指标(Y)轴】参数的 ✿ 图标。在弹出的【设置序列属性】对话框中，设置图形参数如图 7-36 所示。

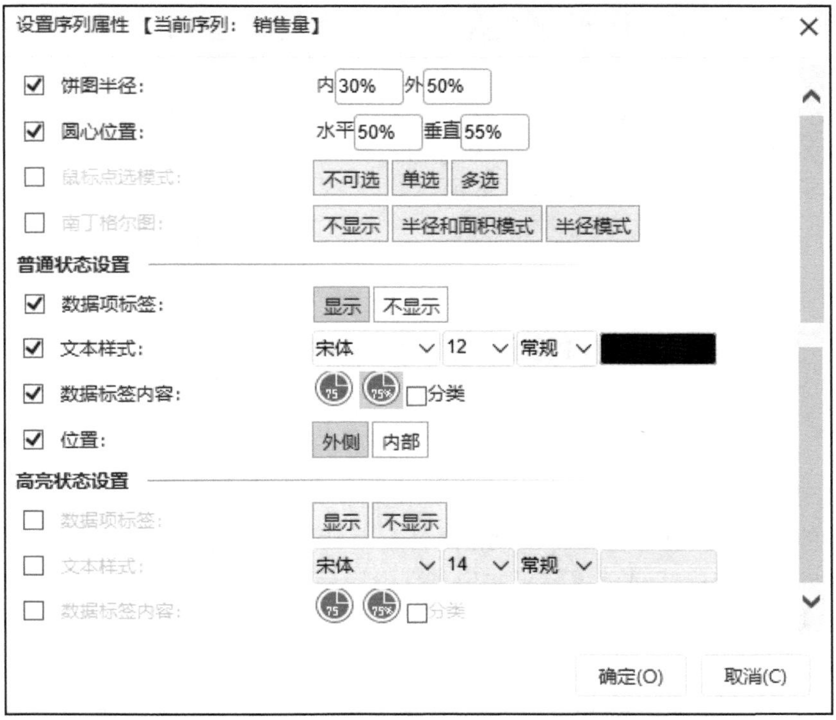

图 7-36 【设置序列属性】对话框参数设置

图形的其他选项卡参数的设置采用默认值。此时完成【不同级别车辆的销售量】工作表图形参数和数据设置。

(4) 复制图形到仪表盘的工作表。

在【不同级别车类的销售量】工作表中，将图形复制至【首页】工作表的"不同级别的汽车销量"子项目规划的区域，并调整图形的大小和位置。

(5) 预览结果。

单击菜单栏【TipdmBI】选项卡【报表操作】命令组的 图标，系统会自动弹出预览窗口。"不同级别的汽车销量"图形展示如图 7-37 所示。

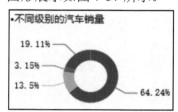

图 7-37 "不同级别的汽车销量"圆环图

4．制作"车型销量排行"条形图

使用"车型销量排行"数据集数据，对"销售量"字段进行汇总。根据"车型""销售量"字段进行降序排序，采用前 10 个数据制作条形图。制作"车型销量排行"条形图，操作步骤如下：

(1) 获取子项目的数据集和汇总数据。

① 获取数据集数据并对"销售量"字段数据进行汇总。新增一个工作表，并命名为"车型销量排行"。在【车型销量排行】工作表中，获取"车型销量排行"数据集的"车型""销售量"字段名称和数据到单元格中，并对"销售量"字段数据进行汇总(方法参照制作"全国各地区销量分布"条形图)，如图 7-38 所示。

▲	A	B	C	D
1				
2				
3				
4		车型	销售量	
5		↓车型(车型销量排行)	∑销售量(车型销量排行)	
6				

图 7-38 获取"车型销量排行"数据集数据

② 排序并获取前 10 个数据。选中 C5 单元格，再单击【TipdmBI】选项卡【单元格设置】命令组的 属性 图标，弹出【单元格属性】对话框。在【其他】选项卡的【同一组内排列顺序】列表框中，选择对 C5 单元格进行降序排序；在【结果集筛选】列表框中，选择【前 N 个】单选项，并设置为"10"，如图 7-39 所示。

(2) 选择条形图图形。

在【车型销量排行】工作表中，单击【TipdmBI】选项卡【云图表】命令组的 图形 图标的倒三角符号，在其选项框中单击 按列作图 图标。在弹出的【插入图表】对话框中选择【柱图】选项卡中的普通横条图形。

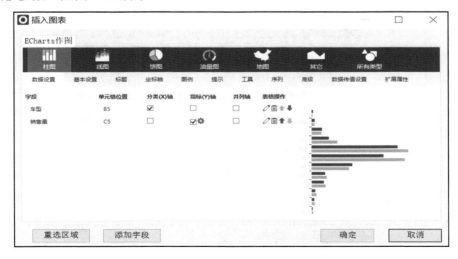

图 7-39　排序并获取前 10 个数据

(3) 设置图形参数。

① 设置【数据设置】选项卡参数。

a. 设置图形数据字段。在【数据设置】选项卡中，单击【选择区域】按钮，选择"车型""销售量"字段所在的单元格区域。

b. 获取并设置图形字段参数和其他参数。选择单元格区域的"车型""销售量"字段，添加到【数据设置】选项卡的字段表中。在字段表的第 1、2 行，分别添加"车型""销售量"字段；在"车型"字段所在行勾选【分类(X)轴】参数；"销售量"字段所在行勾选【指标(Y)轴】参数，如图 7-40 所示。

图 7-40　车型销量排行【数据设置】参数设置

c. 设置图形的【设置序列属性】参数。单击"销售量"字段所在行【指标(Y)轴】参数的⚙图标。在弹出的【设置序列属性】对话框中设置图形参数，如图 7-41 所示。

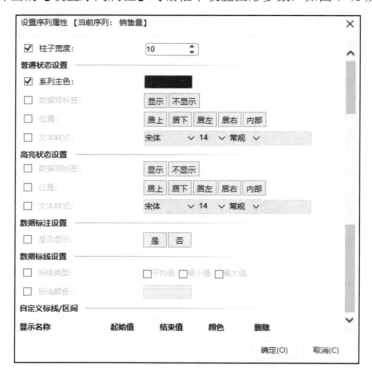

图 7-41　【设置序列属性】对话框参数设置

② 设置【基本设置】选项卡参数。

在【基本设置】选项卡中，有关参数设置如图 7-42 所示。

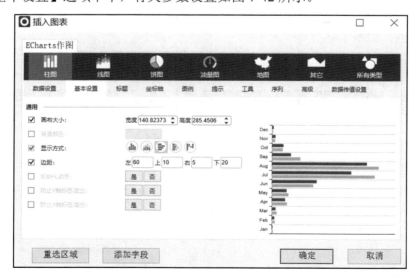

图 7-42　【基本设置】选项卡参数设置

③ 设置【坐标轴】选项卡参数。

【坐标轴】选项卡包含【分类(X)轴】和【指标(Y)轴】两个选项卡。在【分类(X)轴】选项卡中，参数设置如图 7-43 所示；在【指标(Y)轴】选项卡中，参数设置采用默认值。

图 7-43 【分类(X)轴】选项卡参数设置

④ 设置【高级】选项卡参数。

在【高级】选项卡中，有关参数设置如图 7-44 所示。

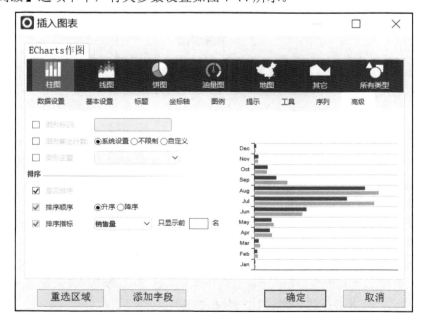

图 7-44 车型销量排行的【高级】选项卡参数设置

其他选项卡参数的设置采用默认值。此时完成【车型销量排行】工作表的图形参数和数据设置。

(4) 复制图形到仪表盘的工作表。

在【车型销量排行】工作表中，将图形复制至【首页】工作表的"车型销量排行"子项目规划的区域，并调整图形的大小和位置。

(5) 预览结果。

单击【TipdmBI】选项卡【报表操作】命令组的 ![预览]图标，系统会自动弹出预览窗口。"车型销量排行"图形展示如图 7-45 所示。

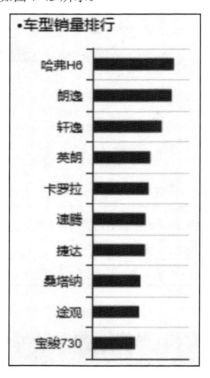

图 7-45 "车型销量排行"条形图

5. 制作"各车类销量占比分析"饼图

车类分为"轿车""SUV""MPV" 3 类。使用"各车类销量占比"数据集数据，分别制作这 3 类的销量占比分析饼图，操作步骤如下：

(1) 获取子项目的数据集和汇总数据。

新增一个工作表，并命名为"各车类销量占比"。在【各车类销量占比】工作表中，获取"各车类销量占比"数据集的"车类""销量占比"字段名称和数据到工作表 B3:C4 单元格区域中，并将"销量占比"字段名称改名为"占比"。在 A4 单元格中键入车类的名称"MPV"；在单元格 B5 中键入"其他"；在单元格 C5 中键入函数"=1-C4"，表示除了"MPV"外，其他车类的占比。有关各车类销量占比的数据如图 7-46 所示。

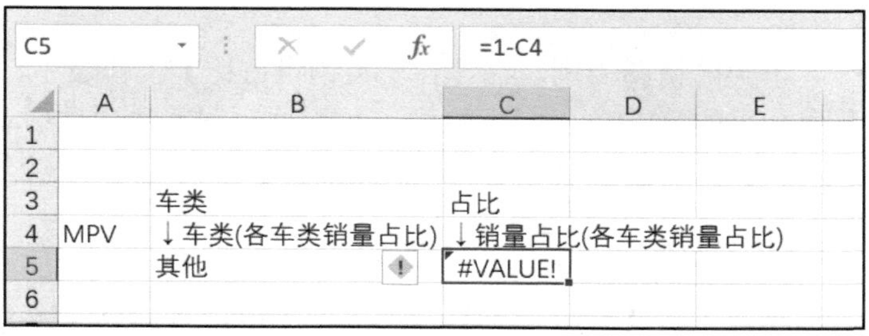

C5		▼ :	× ✓	fx	=1-C4	
◢	A	B		C	D	E
1						
2						
3		车类		占比		
4	MPV	↓车类(各车类销量占比)		↓销量占比(各车类销量占比)		
5		其他	⚠	#VALUE!		
6						

图 7-46 各车类销量占比中 "MPV" 的数据设置

选中 B4 单元格，再单击【TipdmBI】选项卡【单元格设置】命令组中的 ▦属性 图标。
在弹出的【单元格属性】对话框中选择【过滤】选项卡，设置 "车类" 等于 "MPV" 的过
滤条件，如图 7-47 所示。此时完成 "MPV" 车类的数据设置。

图 7-47 设置 "车类" 等于 "MPV" 的过滤条件

依次类推，分别对 "SUV" "轿车" 车类的数据进行设置，如图 7-48 所示。

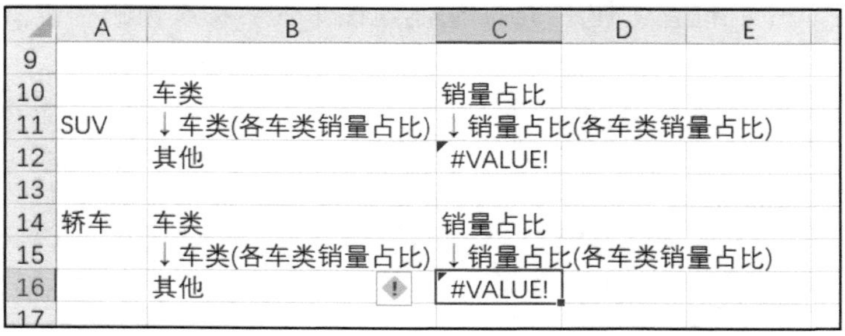

◢	A	B	C	D	E
9					
10		车类	销量占比		
11	SUV	↓车类(各车类销量占比)	↓销量占比(各车类销量占比)		
12		其他	#VALUE!		
13					
14	轿车	车类	销量占比		
15		↓车类(各车类销量占比)	↓销量占比(各车类销量占比)		
16		其他	⚠ #VALUE!		
17					

图 7-48 各车类销量占比中 "SUV" "轿车" 车类的数据设置

(2) 选择饼图图形。

以制作"MPV"车类的饼图为例。在【各车类销量占比】工作表中，单击【TipdmBI】选项卡【云图表】命令组的 📊图形 ▾ 图标的倒三角符号，在其选项框中单击 按列作图 图标。在弹出的【插入图表】对话框中，依次单击【饼图】→ ◎ 图标→标准环形图。

(3) 设置饼图参数。

① 设置【数据设置】选项卡参数。

a. 设置饼图数据字段。在【数据设置】选项卡中，单击【选择区域】按钮，选择"车类""占比"字段所在的 B3:C5 单元格区域。

b. 获取并设置饼图字段参数和其他参数。选择 B3:C5 单元格区域中字段，添加到饼图的【数据设置】选项卡的字段表中。在字段表的第 1、2 行，分别添加"车类""占比"字段；在"车类"字段所在行勾选【分类(X)轴】参数；"占比"字段所在行勾选【指标(Y)轴】参数，如图 7-49 所示。

图 7-49 "MPV"车类销量占比【数据设置】选项卡参数设置

② 设置【扩展属性】选项卡参数。

在饼图中，只显示"车型"占比数据，不显示"其他"占比数据，且"车型""占比"数据显示在图形的中心位置。使用 Json 脚本对图形的名称参数进行设置，相关 Json 脚本如下：

```
{
    "series": [{
        "center": ["45%", "55%"],
        "radius": ["45%", "50%"],
        "clockWise": false,
        "hoverAnimation": false,
```

```
"type": "pie",
"data": [{
    "label": {
        "normal": {
            "show": true,
            "position": "center",
            "textStyle": {
                "fontSize": 9,
                "color": "#EE0000"
            },
            "formatter": "{b}\n{d}%"
        }
    },
    "itemStyle": {
        "normal": {
            "color": "#FA674E",
            "borderColor": {
                "x": 0,
                "y": 0,
                "x2": 0,
                "y2": 3,
                "type": "linear",
                "global": true,
                "colorStops": [{
                    "offset": 1,
                    "color": "#AA2300"
                }, {
                    "offset": 1,
                    "color": "#AA2300"
                }]
            },
            "borderWidth": 10
        }
    }
}, {
    "itemStyle": {
        "normal": {
            "color": "rgba(2,230,230,230)",
            "borderColor": "rgba(255,0,0,0)",
```

```
                    "borderWidth": 10
                }
            }
        }]
    }]
}
```

脚本中，饼图的有关数据显示位置(position)设置为中心(center)；颜色(color)设置为(#EE0000)；字体大小(fontSize)设置为"9"；圆环的颜色设置为(#AA2300)。

其他选项卡参数的设置采用默认值，此时完成【各车类销量占比】工作表的饼图参数和数据设置。

(4) 复制饼图到仪表盘的工作表。

在【各车类销量占比】工作表中，将"MPV"车类的饼图复制至【首页】工作表的"各车类销量占比分析"子项目规划的区域，并调整图形的大小和位置。

重复步骤(2)～(4)，分别制作"SUV""轿车"车类的饼图并复制至【首页】工作表的区域。为了区别 3 个车类的饼图，可以在 Json 脚本中用不同的颜色来设置圆环的颜色。

(5) 预览结果。

单击菜单栏【TipdmBI】选项卡【报表操作】命令组中的 图标，系统会自动弹出预览窗口。"各车类销量占比分析"图形展示如图 7-50 所示。

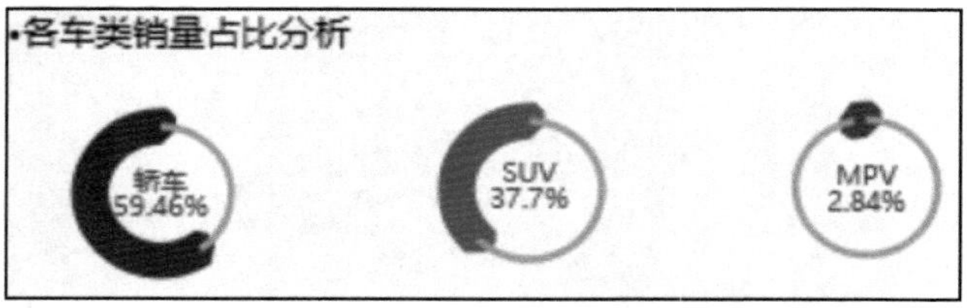

6．制作"每年的汽车销量"柱图

使用"不同年份的销售量"数据集

图 7-50　"各车类销量占比分析"图形

数据制作"每年的汽车销量"柱图，操作步骤如下：

(1) 获取子项目的数据集。

新增一个工作表，并命名为"不同年份的销售量"。在【不同年份的销售量】工作表中，获取"不同年份的销售量"数据集的"年份""销售量"字段名称和数据。

(2) 选择柱图图形。

在【不同年份的销售量】工作表中，单击【TipdmBI】选项卡【云图表】命令组的 图形 图标的倒三角符号，在其选项框中单击 按列作图 图标。在弹出的【插入图表】对话框中，依次单击【柱图】卡→ 图标→普通柱图。

(3) 设置柱图参数。

① 设置【数据设置】选项卡参数。

a. 设置柱图数据字段。在【数据设置】选项卡中，单击【选择区域】按钮，选择"年份""销售量"字段所在的单元格区域。

b. 获取并设置柱图字段参数和其他参数。选择单元格区域的"年份""销售量"字段，添加到柱图的【数据设置】选项卡的字段表中。在字段表的第 1、2 行，分别添加"年份"

"销售量"字段；在"年份"字段所在行勾选【分类(X)轴】参数；"销售量"字段所在行勾选【指标(Y)轴】参数，如图 7-51 所示。

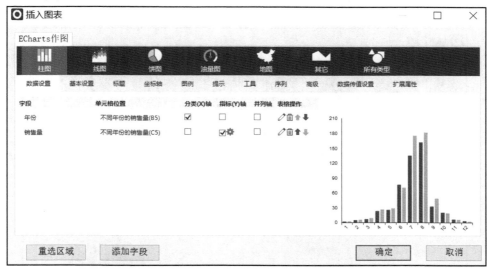

图 7-51　【数据设置】选项卡参数设置

　　c. 设置图形的【设置序列属性】参数。单击"销售量"字段所在行【指标(Y)轴】参数的 ✿ 图标。在弹出的【设置序列属性】对话框中，设置柱图的【设置序列属性】参数，如图 7-52 所示。

图 7-52　【设置序列属性】对话框参数设置

② 设置【基本设置】选项卡参数。

同样，在【基本设置】选项卡中对图形的显示方式、大小和位置等进行设置，如图 7-53 所示。

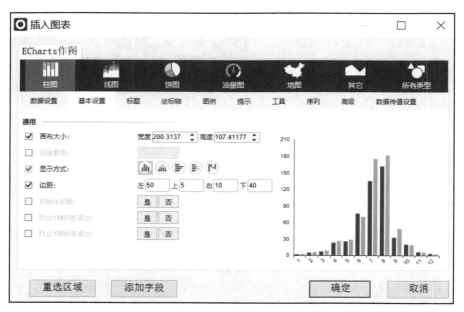

图 7-53　【基本设置】选项卡参数设置

③ 设置【坐标轴】选项卡参数。

在【坐标轴】选项卡中，对【分类(X)轴】选项卡参数进行设置，如图 7-54 所示。与【分类(X)轴】选项卡参数设置类似，【指标(Y)轴】选项卡参数设置如图 7-55 所示。

图 7-54　【分类(X)轴】选项卡参数设置

图 7-55　【指标(Y)轴】选项卡参数设置

柱图的其他选项卡参数的设置采用默认值。此时完成【不同年份的销售量】工作表的柱图参数和数据设置。

(4) 复制柱图到仪表盘的工作表。

在【不同年份的销售量】工作表中，将柱图复制至【首页】工作表的"每年的汽车销量"子项目规划的区域，并调整图形的大小和位置。

(5) 预览结果。

单击菜单栏【TipdmBI】选项卡【报表操作】命令组的  图标，系统会自动弹出预览窗口。"每年的汽车销量"图形展示如图 7-56 所示。

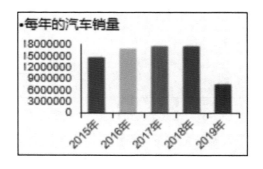

图 7-56　"每年的汽车销量"柱图

7. 制作"各车系销售量"雷达图

使用"不同车系的销售量"数据集数据制作"各车系销售量"雷达图，操作步骤如下：

(1) 获取子项目的数据集和汇总数据。

新增一个工作表，并命名为"不同车系的销售量"。在【不同车系的销售量】工作表中，获取"不同车系的销售量"数据集的"车系""销售量"字段名称和数据。

(2) 选择雷达图图形。

在【不同车系的销售量】工作表中，单击【TipdmBI】选项卡【云图表】命令组的 图形 图标的倒三角符号，在其选项框中单击 按列作图 图标。在弹出的【插入图表】对话框中，选择【其它】选项卡中的雷达图图形。

(3) 设置雷达图参数。

① 设置【数据设置】选项卡参数。

a. 设置雷达图数据字段。在【数据设置】选项卡中，单击【选择区域】按钮，选择"车系""销售量"字段所在的单元格区域。

b. 获取并设置雷达图字段参数和其他参数。选择单元格区域的"车系""销售量"字段，添加到雷达图【数据设置】选项卡的字段表中。在字段表的第 1、2 行，分别添加"车系""销售量"字段；在"车系"字段所在行勾选【分类(X)轴】参数；"销售量"字段所在行勾选【指标(Y)轴】参数，如图 7-57 所示。

图 7-57 【数据设置】选项卡参数设置

c. 设置图形的【设置序列属性】参数。单击"销售量"字段所在行【指标(Y)轴】参数的 图标。在弹出的【设置序列属性】对话框中，设置雷达图的【设置序列属性】参数，如图 7-58 所示。

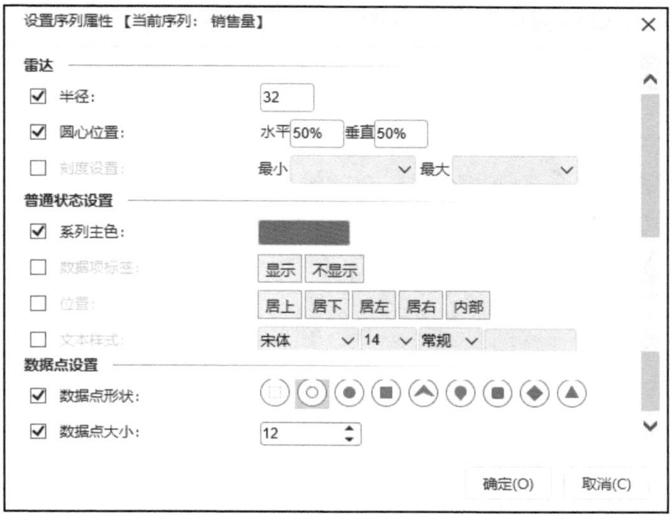

图 7-58　【设置序列属性】对话框参数设置

② 设置【扩展属性】选项卡参数。

由于在雷达图中没有名称的字体、颜色等参数设置，所以需要使用 Json 脚本对图形的名称参数进行设置。单击图 7-57 所示的【扩展属性】选项卡，编写 Json 脚本如下：

```json
{
    "radar": [{
        "name": {
            "textStyle": {
                "color": "#000000",
                "fontSize": "12",
            }
        }
    }]
}
```

脚本中，雷达图的名称颜色(color)设置为(#000000)；字体大小(fontSize)设置为"12"。其他选项卡参数的设置采用默认值。此时完成【不同车系的销售量】工作表的雷达图参数和数据设置。

(4) 复制雷达图到仪表盘的工作表。

在【不同车系的销售量】工作表中，将雷达图复制至【首页】工作表的"各车系销售量"子项目规划的区域，并调整图形的大小和位置。

(5) 预览结果。

单击菜单栏【TipdmBI】选项卡【报表操作】命令组的图标，系统会自动弹出预览窗口。"各车系销售量"图形展示如图 7-59 所示。

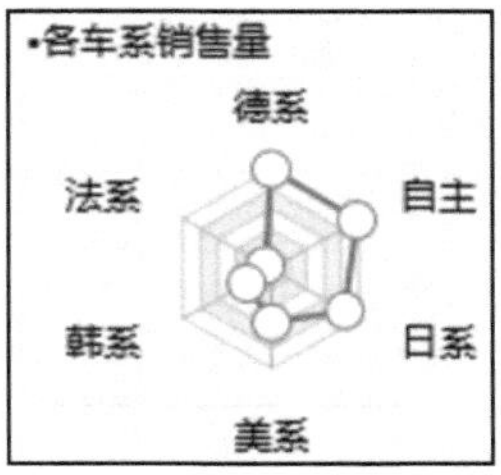

图 7-59　"各车系销售量"雷达图

8. 制作"各车企的销售情况"联合图

使用"不同车企的销售情况"数据集数据制作"各车企的销售情况"联合图，操作步骤如下：

(1) 获取子项目的数据集和汇总数据。

新增一个工作表，并命名为"不同车企的销售情况"。在【不同车企的销售情况】工作表中，获取"不同车企的销售情况"数据集的"车企""销售量""销售规模"字段名称和数据到单元格中，单击【TipdmBI】选项卡的【单元格设置】命令组的 <u>属性</u> 图标，将"销售量""销售规模"字段数据设置为汇总的数据。

(2) 选择联合图图形。

在【不同车企的销售情况】工作表中，单击【TipdmBI】选项卡【云图表】命令组的 <u>图形</u> ▾ 图标的倒三角符号，在其选项框中单击 <u>按列作图</u> 图标。在弹出的【插入图表】对话框中，选择【其它】选项卡中的 (联合图)图形。

(3) 设置联合图参数。

① 设置【数据设置】选项卡参数。

a. 设置联合图数据字段。在【数据设置】选项卡中，单击【选择区域】按钮，选择"车企""销售量""销售规模"字段所在的单元格区域。

b. 获取并设置联合图字段参数和其他参数。选择单元格区域的"车企""销售量""销售规模"字段，添加到联合图【数据设置】选项卡的字段表中。在字段表的第 1、2、3 行，分别添加"车企""销售量""销售规模"字段；在"车企"字段所在行勾选【水平(X)轴】参数；"销售量"字段所在行勾选【左垂直(Y)轴】参数，【子图】参数设置为"柱图"；"销售规模"字段所在行勾选【右垂直(Y)轴】参数，【子图】参数设置为"面积图"，如图 7-60 所示。

图 7-60　不同车企的销售情况联合图【数据设置】参数设置

c. 设置图形的【设置序列属性】参数。单击"销售量"字段所在行【左垂直(Y)轴】参数的 图标。在弹出的【设置序列属性】对话框中，设置联合图的"销售量"字段【设置序列属性】参数。在【普通状态设置】栏中，勾选【系列主色】参数，颜色设置为蓝色；在【高亮状态设置】栏中，勾选【系列主色】参数，颜色设置为红色；其他参数设置采用默认值。单击"销售规模"字段所在行【右垂直(Y)轴】参数的✿图标。在弹出的【设置序列属性】对话框中，设置联合图的"销售规模"字段【设置序列属性】参数。在【普通状态设置】栏中，勾选【系列主色】，颜色设置为绿色；在【高亮状态设置】栏中，勾选【系列主色】，颜色设置为红色；其他参数设置采用默认值。

② 设置【基本设置】选项卡参数。

单击【基本设置】选项卡，勾选【边距】，【左】设置为"50"，【上】设置为"30"，【右】设置为"40"，【下】设置为"20"，其他参数设置采用默认值。

③ 设置【坐标轴】选项卡参数。

单击【坐标轴】选项卡，它包含【分类(X)轴】【左 Y 轴设置】【右 Y 轴设置】三个选项卡。在【分类(X)轴】选项卡中，有关参数设置如图 7-61 所示。

图 7-61　【分类(X)轴】选项卡参数设置

在【左 Y 轴设置】选项卡中，有关参数设置如图 7-62 所示。

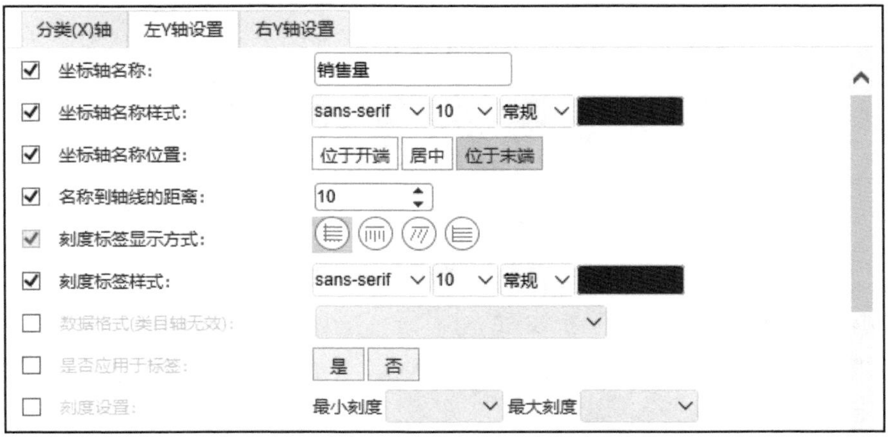

图 7-62　【左 Y 轴设置】选项卡参数设置

在【右 Y 轴设置】选项卡中，有关参数设置如图 7-63 所示。

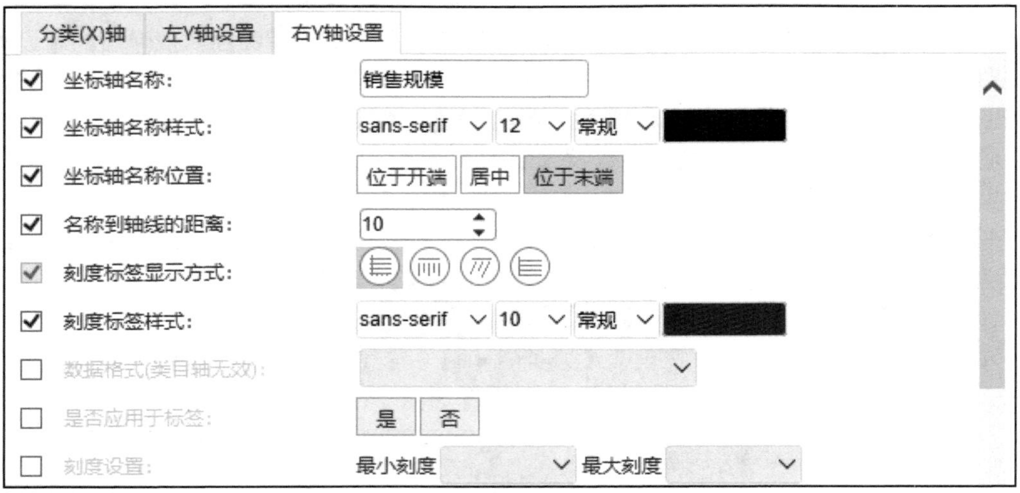

分类(X)轴
左Y轴设置
右Y轴设置
坐标轴名称:
销售规模
坐标轴名称样式:
sans-serif
12
常规
坐标轴名称位置:
位于开端
居中
位于末端
名称到轴线的距离:
10
刻度标签显示方式:
刻度标签样式:
sans-serif
10
常规
数据格式(类目轴无效):
是否应用于标签:
是
否
刻度设置:
最小刻度
最大刻度

图 7-63 【右 Y 轴设置】选项卡参数设置

其他选项卡参数的设置采用默认值。此时完成【不同车企的销售情况】工作表的联合图参数和数据设置。

(4) 复制联合图到仪表盘的工作表。

在【不同车企的销售情况】工作表中，将联合图复制至【首页】工作表的“各车企的销售情况”子项目规划的区域，并调整图形的大小和位置。

(5) 预览结果。

单击菜单栏【TipdmBI】选项卡【报表操作】命令组的
预览
图标，系统会自动弹出预览窗口。“各车企的销售情况”图形展示如图 7-64 所示。

•各车企的销售情况
销售量
销售规模
10000000
8000000
6000000
4000000
2000000
0
15000
12000
9000
6000
3000
0
北京奔驰
东风日产
上海汽车
一汽马自达

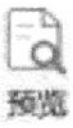

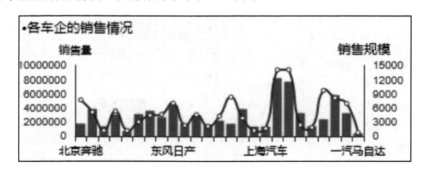

图 7-64 “各车企的销售情况”联合图

9. 制作“年份总销售规模”折线图

使用“12 个月的销售规模”数据集数据制作“年份总销售规模”折线图，操作步骤如下：

(1) 获取子项目的数据集和汇总数据。

新增一个工作表，并命名为"12 个月的销售规模"。在【12 个月的销售规模】工作表中，获取"12 个月的销售规模"数据集的"月份""销售规模"字段名称和数据到单元格中。单击【TipdmBI】选项卡的【单元格设置】命令组的 📊 属性 图标，将"销售量"字段单元格的数据设置为汇总的数据。

(2) 选择折线图图形。

在【12 个月的销售规模】工作表中，单击【TipdmBI】选项卡【云图表】命令组的 📊 图形 图标的倒三角符号，在其选项框中单击 📊 按列作图 图标。在弹出的【插入图表】对话框中，选择【线图】选项卡中标准折线图，展示线图的参数选项卡，进行参数设置。

(3) 设置图形参数。

① 设置【数据设置】选项卡参数。

a. 设置图形数据字段。在【数据设置】选项卡中，单击【选择区域】按钮，选择"月份""销售规模"字段所在的单元格区域。

b. 获取并设置图形字段参数和其他参数。选择单元格区域的"月份""销售规模"字段，添加到【数据设置】选项卡的字段表中。在字段表的第 1、2 行，分别添加"月份""销售规模"字段。在"月份"字段所在行勾选【分类(X)轴】参数；"销售规模"字段所在行勾选【指标(Y)轴】参数，如图 7-65 所示。

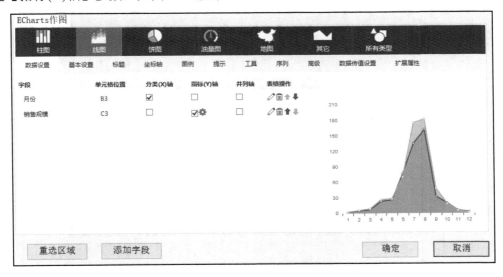

图 7-65　12 个月的销售规模【数据设置】参数设置

c. 设置图形的【设置序列属性】参数。单击"销售规模"字段所在行【指标(Y)轴】参数的 ⚙ 图标，在弹出的【设置序列属性】对话框中，设置图形的【设置序列属性】参数，如图 7-66 所示。

② 设置【基本设置】选项卡参数。

单击【基本设置】选项卡，【显示方式】设置为 ∞(标准折线图)；勾选【边距】，【左】设置为"40"，【上】设置为"20"，【右】设置为"10"，【下】设置为"20"；其他参数设置采用默认值，如图 7-67 所示。

图 7-66 【设置序列属性】参数设置

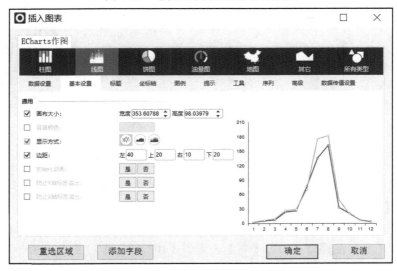

图 7-67 【基本设置】参数设置

③ 设置【坐标轴】选项卡参数。

【坐标轴】选项卡中包含了【分类(X)轴】和【指标(Y)轴】两个选项卡。【分类(X)轴】选项卡参数设置如图 7-68 所示，【指标(Y)轴】选项卡参数设置如图 7-69 所示。

图 7-68　【分类(X)轴】参数设置

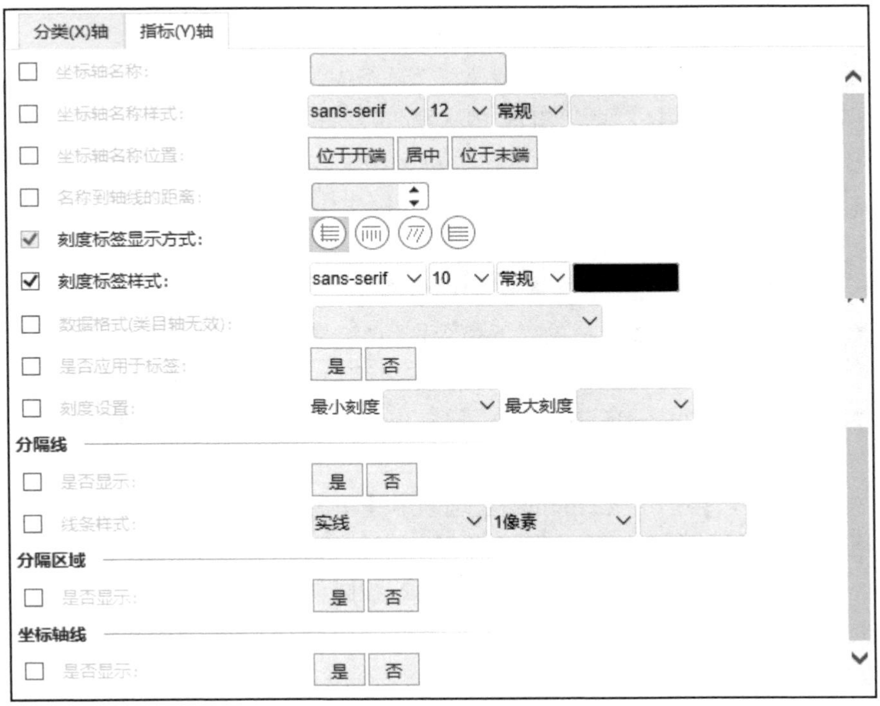

图 7-69　【指标(Y)轴】参数设置

④ 设置【图例】选项卡参数。

单击图 7-67 所示【图例】选项卡，勾选【位置】，设置为 (无图例)。

其他选项卡参数的设置采用默认值。此时完成【12 个月的销售规模】工作表的图形参数和数据设置。

(4) 复制图形到仪表盘的工作表。

在【12 个月的销售规模】工作表中，将图形复制至【首页】工作表的年份"年份总销售规模"子项目规划的区域，并调整图形的大小和位置。

(5) 预览结果。

单击菜单栏【TipdmBI】选项卡【报表操作】命令组的 图标，系统会自动弹出预览窗口。"年份总销售规模"图形展示如图 7-70 所示(此处年份的选择为 2018 年)。

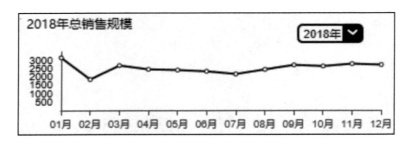

图 7-70 "年份总销售规模"折线形(2018 年)

10. 制作"各车类分级别的销量占比"饼图

车类级别分为"MPV 中型""SUV 中型""轿车中型""SUV 紧凑""轿车紧凑""SUV 小型""轿车小型""轿车中大型""SUV 中大型"9 个车类级别。使用"车类级别销量占比"数据集数据，分别制作这 9 类的销量占比分析饼图。与制作"各车类销量占比分析"饼图类似，绘制"各车类分级别的销量占比"饼图的操作步骤如下：

(1) 获取子项目的数据集和汇总数据。

新增一个工作表，并命名为"车类级别销量占比"。在【车类级别销量占比】工作表中，获取"车类级别销量占比"数据集的"车类级别""销售量占比"字段名称和数据到工作表 A4:B5 单元格区域中。在 A3 单元格中，键入车类级别的名称"MPV 中型"；在单元格 A6 中，键入"其他"，在单元格 B6 中，键入函数"=1-B5"，表示除了"MPV 中型"外，其他车类级别的占比。

选中 A5 单元格，再单击【TipdmBI】选项卡【单元格设置】命令组的 属性 。在弹出的【单元格属性】对话框中，单击【过滤】选项卡，设置"车类级别"等于"MPV 中型"的过滤条件。此时完成"MPV 中型"车类级别的数据设置。

以此类推，完成"各车类分级别的销量占比"中其他车类级别的数据设置，如图 7-71 所示。

▲	A	B	C	D	E
3	MPV中型				
4	车类级别	销售量占比			
5	↓车类级别(	↓销售量占比(车类级别销量占比)			
6	其他	#VALUE!			
7	SUV中型				
8	车类级别	销售量占比			
9	↓车类级别(	↓销售量占比(车类级别销量占比)			
10	其他	#VALUE!			
11	轿车中型				
12	车类级别	销售量占比			
13	↓车类级别(	↓销售量占比(车类级别销量占比)			
14	其他	#VALUE!			
15	SUV紧凑				
16	车类级别	销售量占比			
17	↓车类级别(	↓销售量占比(车类级别销量占比)			
18	其他	#VALUE!			
19	轿车紧凑				
20	车类级别	销售量占比			
21	↓车类级别(	↓销售量占比(车类级别销量占比)			
22	其他	#VALUE!			
23	SUV小型				
24	车类级别	销售量占比			
25	↓车类级别(	↓销售量占比(车类级别销量占比)			
26	其他	#VALUE!			
27	轿车小型				
28	车类级别	销售量占比			
29	↓车类级别(	↓销售量占比(车类级别销量占比)			
30	其他	#VALUE!			
31	SUV中大型				
32	车类级别	销售量占比			
33	↓车类级别(	↓销售量占比(车类级别销量占比)			
34	其他	#VALUE!			
35	轿车中大型				
36	车类级别	销售量占比			
37	↓车类级别(	↓销售量占比(车类级别销量占比)			
38	其他	#VALUE!			

图 7-71　各车类分级别的销量占比数据设置

(2) 选择饼图图形。

以制作"MPV 中型"车类级别的图形为例。在【车类级别销量占比】工作表中，单击【TipdmBI】选项卡【云图表】命令组的 图形 图标的倒三角符号，在其选项框中单击 按列作图 图标。在弹出的【插入图表】对话框中，依次单击【饼图】→ 图标→标准环形图。

(3) 设置饼图参数。

① 设置【数据设置】选项卡参数。

a. 设置饼图数据字段。在【数据设置】选项卡中，单击【选择区域】按钮，选择"车类级别""销售量占比"字段所在的 A4:B6 单元格区域。

b. 获取并设置饼图字段参数和其他参数。选择 A4:B6 单元格区域中字段,添加到【数据设置】选项卡的字段表中。在字段表的第 1、2 行,分别添加"车类级别""销售量占比"字段;在"车类级别"字段所在行勾选【分类(X)轴】参数;"销售量占比"字段所在行勾选【指标(Y)轴】参数,如图 7-72 所示。

图 7-72 "MPV 中型"车类级别【数据设置】选项卡数据设置

② 设置【扩展属性】选项卡参数。

在饼图中,只显示"车类级别"名称和占比数据,不显示"其他"占比数据,且"车类级别"显示在图形下方,"销售量占比"数据显示在图形的中心位置。使用 Json 脚本,对图形的名称参数进行设置,相关 Json 脚本如下:

```
{
    "color": ["#ff0701", "#008800"], //高亮颜色红色、绿色颜色
    "title": {
        "text": "MPV 中型", //标题名称
        "x": "center",
        "y": "bottom",
        "textStyle": {
            "fontSize": 10, //标题字号
            "color": "#FF0000" //标题颜色
        }
    },
```

```
tooltip: {
    confine: true
},
"series": [{
    "avoidLabelOverlap": false,
    "label": {
        "normal": {
            "show": true,
            "position": "center",
            "textStyle": {
                "fontSize": 9, //中间字体大小
                "color": "#FF0000" //中间字体颜色
            },
            "formatter": "function(a){if(a.data.name==='MPV 中型'){return a.data.displayValue} else
{return ""}}"
        }
    }
}]
}
```

脚本中，有关数据名称、颜色、字体见注释。

其他选项卡参数的设置采用默认值。此时完成【车类级别销量占比】工作表的饼图参数和数据设置。

(4) 复制饼图到仪表盘的工作表。

在【车类级别销量占比】工作表中，将"MPV 中型"车类级别的饼图复制至【首页】工作表的"各车类分级别的销量占比"子项目规划的区域，并调整图形的大小和位置。

重复步骤(2)～(4)，分别制作其他车类级别的饼图并复制至【首页】工作表的区域。

(5) 预览结果。

单击菜单栏【TipdmBI】选项卡【报表操作】命令组的 图标，系统会自动弹出预览窗口。"各车类分级别的销量占比"图形展示如图 7-73 所示。

图 7-73　"各车类分级别的销量占比"饼图

将除了【首页】工作表之外的其他工作表都设为隐藏，此时完成整个仪表盘的制作，如图 7-74 所示。

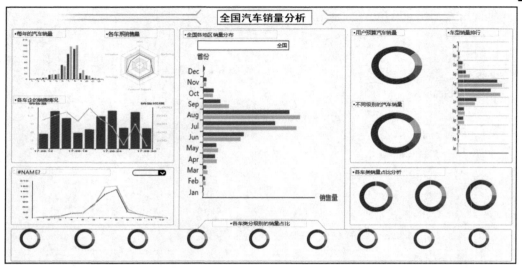

图 7-74　全国汽车销量分析仪表盘"首页"工作表

7.2.4　展现和发布仪表盘

制作仪表盘并通过预览方式展示仪表盘的结果。如果没有什么问题，那么即可发布到 TipdmBI 平台的服务器上，以便共享和展示。

1）预览仪表盘

单击菜单栏【TipdmBI】选项卡【报表操作】命令组的 图标，弹出【保存文档】对话框。在【位置】选项中，选择【我的空间】→【书籍】文件夹，在【名称】栏输入"全国汽车销量分析"；在【显示终端】行，分别勾选【电脑】【平板】【手机】，发布到电脑、平板和手机终端上，其他采用默认值，如图 7-75 所示。

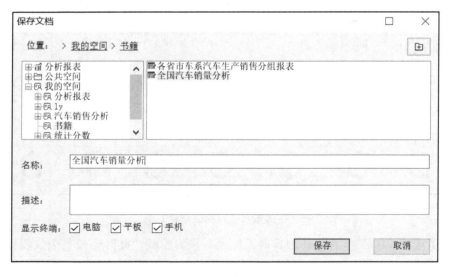

图 7-75　【保存文档】对话框

单击【保存】按钮，系统会自动弹出仪表盘预览窗口，如图 7-76 所示。

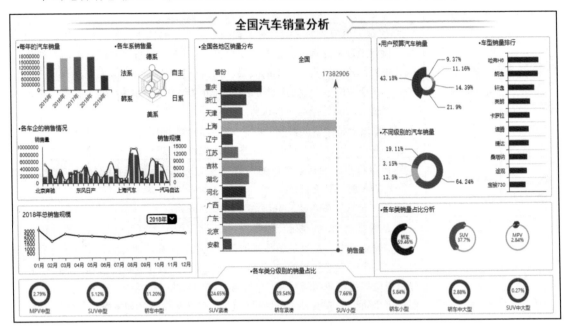

图 7-76　"全国汽车销量分析"仪表盘预览效果

2）发布仪表盘

将制作完成的仪表盘发布到 TipdmBI 平台上，并打开发布到平台上的仪表盘文件，重新制作，步骤如下：

（1）发布仪表盘。单击【TipdmBI】选项卡【报表操作】命令组的 图标，会自动将仪表盘文件保存并发布到服务器上。用户可以在服务器端查看和浏览仪表盘。单击 图标下面倒三角符号，弹出【打开文档】对话框，可以将仪表盘文件另外发布到服务器其他位置或目录上，也可以重新命名仪表盘文件。

（2）打开仪表盘。单击【TipdmBI】选项卡【报表操作】命令组的 图标，弹出【打开文档】对话框。用户可以打开已经保存并发布到服务器的仪表盘文件，进行重新编辑和预览等。

7.2.5　编写分析报告

完成仪表盘制作后，对仪表盘当前的数据进行分析，编写分析报告，以便为有关部门提供辅助决策。分析报告包含标题、背景与目的、分析思路、分析结果、总结与建议五部分。分析报告各部分的内容编写说明如表 7-1 所示。

表 7-1 分析报告内容编写说明

序号	项目	编 写 说 明
1	标题	标题是一份报告的文眼，是全篇报告最浓缩的精华。好的标题让读者能毫无偏差地理解这篇分析报告的主要目的，有时可以直接在标题中加入部分或关键性结论达到直达文意的效果。标题一般有 3 种形式： (1) 直接在标题中放上报告的结论，如《我国汽车销量平稳，价位中下、车型舒适的汽车更受用户青睐》 (2) 提出分析报告的研究问题，如《我国销量更好的汽车是哪些》 (3) 中规中矩地写上研究的主题，如《我国汽车销量分析研究》
2	背景与目的	写出分析报告的背景与目的，略微阐述一下现状或存在的问题，通过这次分析需要解决什么问题
3	分析思路	运用了什么分析思路、分析方法和模型等
4	分析结果	人是视觉动物，一图胜千言。在分析结果中，尽可能使用各种图表而非文字，图表能够一步到位地将数据呈现在读者面前，而无需做多余的解释。分析的结果一定要从数据中得来，要严谨地切合数据分析的主题，最好一个分析模块只给出一个最直接、最能与主题关联的分析结论。一个特征当然可以从多个角度提取出多个观点和结论，但是一定要选择和主题相关性最强的那个，否则大量的低相关信息很容易打乱读者的思路
5	总结与建议	根据分析目的和分析正文的各个子模块的结论，总结性地给出分析报告的结论，以及给出有关建议

"全国汽车销量分析"仪表盘的分析报告举例说明如下。

1．标题

"全国汽车销量分析"仪表盘的分析报告的标题为"我国汽车销量平稳，价位中下、车型舒适的汽车更受用户青睐"。

2．背景与目的

随着汽车在城镇家庭的逐渐普及，从长期来看，我国汽车保有量提升空间仍然极为广阔。目前，我国汽车普及度与发达国家相比差距仍然巨大。在 2018 年美国千人汽车保有量在 800 辆以上，日韩也已达到 350 辆以上，而我国仍然不到 150 辆水平，长期仍具备翻倍空间。

然而，市场的可变因素很多。为了准确把握家庭汽车的销售情况，汽车工业协会与各车企一起，收集不同省份和城市的汽车制造企业的数据，包括车系、品牌、车型、车类、级别和批量销售等。根据市场的需求，从客户预算、车型、车类级别等方面进行数据分析，了解市场的需求，通过仪表盘的各种图形来展示有关数据，进行聚合计算、对比分析，发现销售趋势，为汽车工业协会和汽车厂商提供有关辅助决策的数据和建议。

3．分析思路

本项目根据汽车制造企业的批售数据，从用户预算、车型车类、时间年月、区域及区域车企的销售规模等多个角度进行分析，采用对比、类比等手段，以及可视化的方式，分析我国汽车销售现状，不同指标之间互相印证，从而全面和充分地了解汽车的发展状况，为汽车的发展提供决策依据。

分析的思路和方式主要有以下三点：

(1) 使用仪表盘图形。将有关分析主题的图形集中到一个大屏上展示，对各种指标一目了然，方便有关指标对比，发现规律或趋势。

(2) 以展示各省份的汽车销量条形图为核心。选择有关的区域省份，发现各个分析指标的数据变化和图形变化，从而分析各区域的数据，既能分析整体情况，也能了解区域的情况。

(3) 从市场的需求分析出发。重点从客户预算、车类的需求、车型排行、车类占比、销售规模等方面进行分析，采用相同指标，不同时间、不同类型的对比，不同类型、级别和区域的类比，区域和整体等比较来分析，获取市场的有关统计分析的数据信息，通过数据和图形发现汽车的发展趋势，从而指导汽车企业的生产。

4．分析结果

由于需要光标移到仪表盘上的图形中才能展示出全部数据，而本书中的截图无法展示，所以需要对数据进行另外的说明。对仪表盘中展示的各个项目图形和数据分析如下：

(1) 从用户预算的角度进行分析。根据用户的消费水平，将用户预算划分为 8 万左右、13 万左右、18 万左右、25 万左右、30 万左右 5 个档次。各档次用户预算的汽车销量百分比如图 7-77 所示，各档次用户预算汽车销量的百分比分别为 8 万左右占比 21.9%，13 万左右占比 43.18%，18 万左右占比 9.37%，25 万左右占比 14.39%，30 万左右占比 11.16%。用户预算中，8 万、13 万左右两档属于中下水平的用户预算，其汽车销量大约占总销量的 65%，接近三分之二，而 18 万、25 万和 30 万左右等较高的用户预算大约占 35%，说明市场上中低价位的汽车较受欢迎。

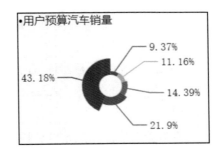

图 7-77　各档次用户预算的汽车销量百分比

(2) 从汽车级别的角度分析。汽车的级别分为紧凑型、小型、中型、大型 4 个级别。各个级别的汽车销量所占的百分比如图 7-78 所示，紧凑型占比 64.24%、中型占比 19.11%、小型占比 13.50%、大型占比 3.15%。其中紧凑型占比约 65%，接近三分之二，其余级别的总和占比约 35%，几乎只有紧凑型销量的一半。由于紧凑型汽车大多数价格较低，因而价格低的紧凑型汽车较为畅销，与用户分析的结果相吻合，市场上中低价位的汽车销量更好。

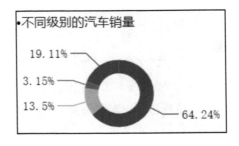

图 7-78　不同级别的汽车销量百分比

(3) 从车型销量排行榜分析。前 10 位的车型销量排行榜如图 7-79 所示，长城汽车公司生产的哈弗 H6、上海大众公司生产的朗逸、东风日产公司生产的轩逸，这 3 款车型排名靠前，并且各自的销量差不多。哈弗 H6 是 SUV 车型，朗逸和轩逸均为轿车车型，其他前 5 位的英朗、卡罗拉也是轿车车型，说明轿车仍是多数用户喜欢的车型。但是，由于 SUV 车型一般车内空间较大，舒适性更好，且哈弗 H6 车型销量第一，因而也说明了 SUV 的车型相对受用户的喜爱。

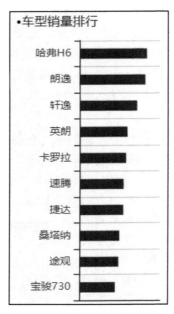

图 7-79　各车型销量排行榜前 10 位

(4) 从各车类销量占比的角度分析。车类分为轿车、SUV 和 MPV 多用途汽车 3 类汽车，各车类销量占比如图 7-80 所示，轿车占比为 59.46%，SUV 占比为 37.7%，MPV 占比只有 2.84%。轿车类占比约 60%，销量占多数，说明轿车仍然是多数用户购车的首选车类，SUV 占比接近 40%，与轿车车类仍有距离，但也较受用户喜爱，这两个分析结果数据与车型分析的结果同样吻合。

图 7-80　各车类销量占比

(5) 从各车类分级销量占比的角度分析。车类分级分为 MPV 中型、SUV 中型、轿车中型、SUV 紧凑、轿车紧凑、SUV 小型、轿车小型、轿车中大型、SUV 中大型 9 个级别。各车类分级销量占比如图 7-81 所示，轿车和 SUV 的紧凑型分别占 39.54%、24.65%，两者总和大约占比 65%，接近三分之二。一般来说，紧凑型汽车比小、中、大型的汽车价格更低，因此无论轿车还是 SUV 车型，用户更多选择价格低的紧凑型汽车。

图 7-81　各车类分级销量占比

（6）全国各地区销量分布分析。全国各地区销量分布如图 7-82 所示，销量前 3 位分别是上海、广东、北京，相对领先其他省(市、区)。而上海地区的销量最高，约为 1700 多万辆。这 3 个省(市)经济发达、技术力量雄厚，为我国的汽车制造贡献良多。

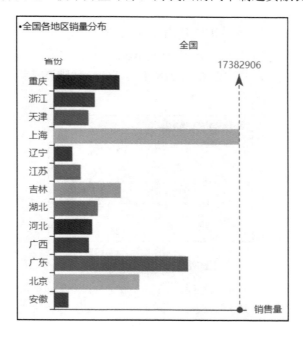

图 7-82　全国各地区销量分布

（7）从各车企的销售情况分析。各车企的销售情况如图 7-83 所示，上海大众和上海通用制造的汽车销量和销售规模最大，说明这两家企业生产的汽车销量高、规模效应好。

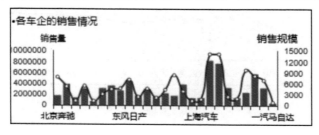

图 7-83　各车企的销售情况

(8) 从汽车车系的角度分析。因为我国汽车多是与发达国家的汽车制造商合资生产的，所以生产出来的汽车具有这些发达国家汽车制造商的特点。以国家作为分类，生产出来的汽车分为德系、自主(自主制造)、日系、美系、韩系和法系等。不同车系的汽车销量如图7-84所示，依次为德系、自主、日系、美系、韩系和法系，德系、自主和日系制造的汽车销售量更大。

图 7-84 各车系汽车销售量

(9) 从每年的汽车销量上分析。从 2015—2019 年(统计到 6 月份)，各年份的汽车销量占比如图7-85所示。可以看出，2016—2018 年这三年，我国汽车销量增长放缓，市场趋于平稳。

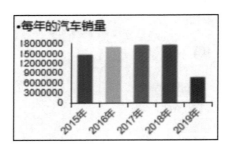

图 7-85 每年的汽车销量

(10) 从销售规模的角度分析。选择不同的年份，可以查看不同年份的汽车销售规模，2018 年的销售规模如图7-86所示。改变不同的年份，发现每年 9 月到明年初 1 月份，汽车销售规模比其他月份相对要好，说明汽车销售的旺季为 1、9、10、11、12 这 5 个月份。因此，汽车制造商需要在旺季前生产出足够多的车辆。

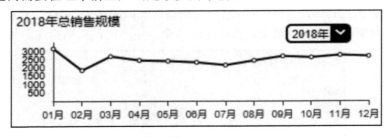

图 7-86 各年份的销售规模(2018 年)

5．总结与建议

从各项分析结果可知，我国汽车近年来的销量趋于平稳。从市场用户的预算、汽车级别、车类级别等分析结果来看，中下档价位、紧凑型的汽车销量较好，说明了中低档价位的汽车较为受用户的欢迎，汽车的消费能力还是受到经济能力的制约。从车类上看，虽然轿车销量更多，但从车型来看，空间较大的 SUV 车型越来越受用户的欢迎。从区域、车企生产的汽车来看，上海市采用德系、美系的合资企业生产的汽车较多，更受用户欢迎。

通过数据和可视化进行分析，建议我国汽车企业不宜扩大生产，保持现有的生产能力，并在舒适度、价格和质量上狠下工夫，生产出更多价廉物美的汽车。同时，在车型上向 SUV 车型学习，在空间上加以改进，为用户提供低价、舒适和实用的家用汽车。

小结

本章介绍通过 Excel 插件，获取 TipdmBI 平台的数据集，在 Excel 客户端制作全国汽车销量可视化仪表盘的操作和过程，包括仪表盘的规划布局、背景图的设计，以及仪表盘中各个分析子项目的标题、图形、数据的定义，并详细描述了仪表盘中各个图形的参数设置和制作步骤，还介绍了仪表盘的展示和发布，以及举例说明编写可视化项目分析报告的方法。

参 考 文 献

[1]　杨怡滨，张良均. Excel 数据获取与处理[M]. 北京：人民邮电出版社，2019.

[2]　柳扬，张良均. Excel 数据分析与可视化[M]. 北京：人民邮电出版社，2019.